JN039828

やさしく学べる

サポートベクトルマシン

数学の基礎とPythonによる実践

田村孝廣 著

はしがき

2012年に開催された「ImageNet Large Scale Visual Recognition Challenge（ILSVRC）2012」という物体認識の国際コンテストで，ディープラーニング（深層学習）を引っ提げたトロント大学のチームが圧倒的な認識率で優勝したというニュースが，研究者の間はもとより一般の人々の間でも駆け巡りました．同時期のディープラーニングの成果である教師なし学習からの猫の認識（いわゆる「Googleの猫」）や，2015年の強化学習によるアルファ碁（AlphaGo）が囲碁でプロ棋士に勝利したという報道と相俟って，ディープラーニングは機械学習や人工知能（Artifitial Intelligence; AI）の代名詞のようになりました．しばらくすると，書店にはディープラーニングやAIをテーマにした書籍・雑誌が，技術専門書の書棚だけでなく，例えば経済系の専門書の書棚や一般向けビジネス書の書棚にも並ぶようになりました．

ディープラーニングの圧倒的なパフォーマンスを支えているのは，大量の学習用データです．画像認識であれば，ありとあらゆる画像データを学習用として使うことができ，（アルゴリズムの工夫なども必要ですが）豊富な学習用データのおかげで認識精度を向上させることができます．このようなディープラーニング技術は，現在も進化を続けています．

翻って，著者が現在関わっているガンの画像診断では，例えば新しい染色法による画像診断モデルの精度向上を試みたいとき，データ数が圧倒的に乏しいという状況が発生します．新しい染色法なので当然のことながら，それによるアノテーション済み（正解ラベル付き）データが少ないのが原因です．たった100枚の顕微鏡写真からの分類モデル構築といった厳しい事態にも直面します．ディープラーニングで分類モデルを構築するためには，少なくとも数千枚の顕微鏡写真とラベルが必要となるでしょう．

データ量の少なさについては，例えば会社勤めの読者であれば，自社の所有する顧客データから優良顧客を分類するようなケースでは，高々数百件の成約データから分類モデルを生成するような事態もあることでしょう．このように，手持ちのデータでいざ分析をしようとするとき，ディープラーニングにはデータ量が十分とはいえない場面があります.

こうしたとき，本書のテーマであるサポートベクトルマシン（Support Vector Machine; SVM）は，少ないデータでも一定の性能をもった分類モデルを構築でき，重宝します．詳しいことは本文で述べますが，データが少ないことによる影響が限定的なのです．これ以外にも，SVMには，線形分類だけでなく非線形分類にも対応できる，大域的最適解の探索が可能である，などといった特長があり，大変有用な機械学習アルゴリズムです．しかしながら（といいますか，どの機械学習アルゴリズムにも共通していえることですが），アルゴリズムを理解し使いこなすためには，数学的な裏付けをしっかり理解しておく必要があります.

ところで，技術者向けの機械学習の本を読むと，そのほとんどが大学レベルの数学から始まり，高校数学の初歩から入っていける本は少ないようです(『高校数学から始める......』などとうたう本で，アルゴリズムの詳細や実装まで解説しているものは，ごくわずかではないでしょうか)．そこで本書では，できる限り低いハードルでSVMの理論的枠組みを理解いただけるよう，高校レベルの数学からやさしく説明することを目指しました．一方で，アルゴリズムの実践にはプログラミング等を用いてコンピュータを動かすことが必要となりますが，本書ではPythonによるわかりやすい実装例を紹介します．また，本書では，下記のペルソナを想定読者としました.

- 文系の大学学部を卒業した後，業務上必要になり機械学習を独学で学ぼうとしたが，数学のハードルが高くて先に進めなくなっている社会人
- 情報系や工学系の大学学部に入学したものの，高校数学の理解が不十分なため機械学習の講義の理解が進まない学生
- 普段はニューラルネットワークなどで機械学習モデルを構築しているが，データ量の制約などでSVMを学ぶ必要が出てきた技術者
- ライブラリを使ってSVMを実装してみたが，ハイパーパラメータの決め方に自信がない技術者

著者は大学卒業後，高校や大学で物理や数学を教えながら，河川工学の研究をしていました．2000年当時流行していた遺伝的アルゴリズムを地下水流動流出モデルに適用し，パラメータを多目的最適化する研究で，学位を取得しま

した．その後，医療系ソフトウェア開発企業や自動車 ECU の開発企業，金融系 SIer などで最適化理論や AI 研究開発に携わるなかで，ニューラルネットワークや勾配ブースティングなどのさまざまな機械学習アルゴリズムを使い，その特質を根底から理解しようと努めました．その際に最大の武器になったのが，数学の知識であり，その経験から仲間の技術者・研究者にも数学を用いた機械学習アルゴリズムの理解を薦めたのですが，残念ながらそれに応えてくれたのはごく一部の人だけでした．特に日本人技術者には，数学にアレルギーをもっている人が多いように感じていましたが，さらに掘り下げると，高校数学の理解が十分ではない技術者が相当数いることがわかりました．このことが，本書執筆の動機となったわけです．

本書では，理科系出身者でなくとも十分に理解できるように，スタート地点の数学のレベルはできるだけやさしく設定し，カーネル法を導入して非線形分類までできる程度に SVM の基本を理解するところをゴール地点としました．紙とペンを用意して手を動かしながら数式の変形を行い，一方で PC 上で Python のコードを書き動かしてみる，という 2 方面での活用をねらう少々欲張った構成ですが，SVM の理解に向けて楽しみながらステップアップしていくことを期待します．

なお，本書に掲載したサンプルコードのすべてと，本文中で解説に用いたさまざまな図を出力するためのコードは，オーム社のウェブサイトからダウンロードできるようにしていますので，是非ご利用ください．

https://www.ohmsha.co.jp/book/9784274229671/

元同僚の技術者 梅﨑猛氏には，Python のコードを点検・改修していただきました．オーム社編集局の皆様には，執筆に際しさまざまなコメント・助言をいただきました．この場を借りて深く御礼申し上げます．また，私が休日返上で執筆に没頭していて寂しい思いをしたであろう家族，とりわけペンギンの絵を描いてくれた中学生の娘には心からの感謝を捧げます．

2022 年 10 月

田村　孝廣

目　次

第 1 章　はじめに

1.1　人工知能と機械学習……… 2
1.1.1　人工知能による推論　2
1.1.2　人工知能による学習　4
1.1.3　機械学習　4
1.2　機械学習モデル……… 5
1.2.1　モデル　5
1.2.2　機械学習モデル　5
1.3　機械学習分類モデルの作りかた……… 8
1.4　サポートベクトルマシンの概要……… 12
1.5　サポートベクトルマシンの特徴……… 16
1.6　本書の読みかた……… 18

第 2 章　数学の基礎

2.1　ベクトル……… 22
2.1.1　ベクトルとは何か　22
2.1.2　位置ベクトル　27
2.1.3　三角比と余弦定理　29
2.1.4　ベクトルの内積　34
2.1.5　点と直線の距離　35
2.1.6　Python でベクトル　37
2.2　行列……… 43
2.2.1　行列とは何か　43
2.2.2　行列の演算　43
2.2.3　転置行列　48

2.2.4 半正定値行列 50
2.2.5 Python で行列 51
2.3 関数 53
2.3.1 関数とは何か 53
2.3.2 指数関数 54
2.3.3 対数関数 56
2.3.4 Python で指数関数・対数関数 58
2.4 微分 61
2.4.1 平均変化率 61
2.4.2 微分 63
2.4.3 合成関数の微分 68
2.4.4 指数関数・対数関数の微分 69
2.4.5 偏微分 71
2.4.6 級数展開 74

第3章 線形サポートベクトルマシン（線形 SVM）

3.1 線形 SVM 80
3.1.1 線形ハードマージン SVM 80
3.1.2 線形ソフトマージン SVM 86
3.2 線形 SVM の最適化 89
3.2.1 ラグランジュの未定乗数法 89
3.2.2 KKT 条件 98
3.2.3 線形 SVM 最適化の方法 103
3.3 線形 SVM による分類問題の解法 116
3.3.1 ペンギン分類モデル 116
3.3.2 Python でペンギン分類 119
3.3.3 2 値分類モデルの評価 123
3.3.4 ペンギン分類モデルの評価 130

第 4 章　非線形サポートベクトルマシン（非線形 SVM）

4.1　非線形 SVM ······························ 134
　4.1.1　カーネル法　136
　4.1.2　カーネル関数の具体例　140
　4.1.3　カーネル化 SVM の定式化　144
4.2　非線形 SVM の最適化 ························ 148
　4.2.1　逐次最小最適化アルゴリズム（SMO）　148
　4.2.2　非線形 SVM 最適化の方法　150
4.3　非線形 SVM による分類問題の解法 ·············· 155
　4.3.1　カーネル化 SVM による非線形分類モデル　155
　4.3.2　カーネル化 SVM による分類問題の解法　157
　4.3.3　Python でアヤメ分類　167

Appendix　Python の基礎

A.1　開発環境 Colab ···························· 176
A.2　Python 文法の要点 ························ 179
　A.2.1　データ型　179
　A.2.2　演算子　183
　A.2.3　条件分岐　184
　A.2.4　繰り返し　188
　A.2.5　組込み関数　189
　A.2.6　関数定義　190
　A.2.7　クラス　192
　A.2.8　変数のスコープ　194
A.3　Python ライブラリ群 ························ 196
　A.3.1　NumPy　197
　A.3.2　pandas　202
　A.3.3　SymPy　206
　A.3.4　matplotlib　212
　A.3.5　scikit-learn　215

本書を読み終えた後に …… 221
索 引 …… 223

第1章

はじめに

人工知能（AI）は，人間の知能の特定の機能をコンピュータプログラムによって代替する技術です．そして機械学習というのは，その人工知能を実現する仕組みの一つです．本書は，その機械学習の一手法であるサポートベクトルマシン（Support Vector Machine）について理解し使えるようになることを目的としています．

本章では，そもそも人工知能とは何かを述べることから始め，機械学習，そしてサポートベクトルマシンについて，その概要をなるべく易しい言葉で説明します．そして章末で，本書を使ってどのようにそれらの知識を深掘りしていくかを述べます．

1.1 人工知能と機械学習

1956年7月から8月にかけて，The Dartmouth Summer Research Project on Artificial Intelligence，通称ダートマス会議と呼ばれる研究会が米国ニューハンプシャー州のダートマス大学で開催されました．この会議は，人工知能という言葉がはじめて定義されたとして有名です．この会議に先立ち，1955年，ダートマス会議のスポンサーのロックフェラー財団に提出された提案書の中にArtificial Intelligenceという言葉が現れたのが，この言葉の誕生譚とされています．その提案者の一人にJohn McCarthyがいます．

後に**人工知能**の父といわれるMcCarthyによると，人工知能とは「知的な機械，特に知的なコンピュータプログラムを作る科学と技術」[1)]とのことです．

一方，日本の人工知能学会のウェブサイトに掲載された一般向けの解説の中では，人工知能研究の二つの立場として「一つは，人間の知能そのものをもつ機械を作ろうとする立場，もう一つは，人間が知能を使ってすることを機械にさせようとする立場です．そして，実際の研究のほとんどは後者の立場にたっています」[2)]と記載されています．

本書の内容も後者の立場に属することになりますが，では，人工知能はここでいう「人間が知能を使ってすること」のうちのどのような機能を主に機械（コンピュータあるいはコンピュータプログラム）で代替させようとしているのでしょうか．実は，その一つが推論であり，もう一つが学習です．

以下では，推論と学習の二つについて，人工知能はどのように機能を実現するのかを見ていきましょう．

1.1.1 人工知能による推論

一般に推論とは，ある前提が与えられたとき，何らかの結論を導き出す過程のことをいいます．コンピュータプログラムによって可能なのは，この過程を自動化することです．

1) 人工知能学会「What's AI」（https://www.ai-gakkai.or.jp/whatsai/）の「人工知能のFAQ」
2) 人工知能学会「What's AI」（https://www.ai-gakkai.or.jp/whatsai/）の「人工知能って何？」

例えば，ある地域に降雨があり，この降雨量が時間に伴ってどのように変化したかのデータがあったとしましょう．このデータを使って，その地域に降った降雨を集める河川のある地点におけるある時刻の水位を予測する，といったことを自動化するプログラムは，推論を実現しているといえるでしょう．これは，河川工学等の専門知識をプログラムに詰め込んで推論するシステムということで，かつては**エキスパートシステム**といわれていました．

1980 年代のいわゆる第 2 次人工知能ブームは，このエキスパートシステム全盛の時代でした．この時代，各分野の研究者の中に「モデル屋」という人々がいました．専門知識をプログラムにするためには，推論の元となる因果関係を数式で表現する必要があります．この数式のことを「**数学モデル**」あるいは「**数理モデル**」と呼び，専門分野の理論を駆使して数学モデルを作り，改良することがモデル屋の仕事でした．

この数学モデルの中には，推論をより正確にするために調整することができる，パラメータと呼ばれる変数をもつものもありました．当初は，このパラメータの値を上下させながら試行錯誤的に推論の精度を上げていましたが，やがて，パラメータを調整して数学モデルの性能を上げていく方法，すなわち自動的に最適化する方法が考案されるようになりました．個体群の進化をヒントに生まれた遺伝的アルゴリズムや，推論の誤差から遡ってパラメータを改善していく誤差逆伝播法（バックプロパゲーション法）を取り入れたニューラルネットワークなどが数学モデルの性能アップに盛んに使われるようになったのは，第 2 次人工知能ブームが沈静化した 1990 年代でした．その頃になると，人工知能は使えるところにはほぼ使われるようになりました．AI 洗濯機，AI 炊飯器，AI 掃除機，AI エアコンと，家電製品に次から次へ AI を冠した商品が投入されました．

その後しばらくは冬の時代でしたが，やがて再び人工知能のブームが訪れます．とりわけ注目に値することとして，2010 年代に，難関だった自然言語解析と画像解析に，多層化されたニューラルネットワーク，すなわちディープラーニング（深層学習）が投入され大きな成果を挙げたのです．2000 年代から現在に至るまでを，第 3 次人工知能ブームと世間では呼んでいます．

こうして人工知能による推論自動化の歴史を振り返ってみますと，現代に近づくにつれ推論の結果をフィードバックして数学モデルを改良していくという流れが見えてくると思います．ここで活躍している技術が，もう一つの人工知能の機能である「学習」です．

1.1.2　人工知能による学習

学習は動物ならば多かれ少なかれもっている能力です．著者の自宅にいる犬は，娘の足音を聞いただけで全身で喜びを表現し始めます．これは足音という入力から「これは娘ちゃんの足音だ！」と推論することができる証です．しかもそれは生まれた後に学習したことに違いありません．

これと同様に，人工知能が学習するというのは，もともとはプログラムに備わっていなかった推論の能力を，後から獲得するということです．

では，人工知能は何から学習するのでしょうか．エキスパートシステムの時代は，人が目や耳を使って得た情報をもとに条件文の書き換えをするといったように，人が介在することもありました．しかし，近年はこれをデータから，場合によってはビッグデータと呼ばれる巨大データから，しかも自動的に学習する仕組みがよく使われるようになってきました（これが第3次人工知能ブームの始まりともいわれます）．これを特に機械学習といいます．

1.1.3　機械学習

機械学習は machine learning の訳語です．machine はコンピュータもしくはコンピュータプログラムのことを指します．一方，learning は学習ですが，これは性能を上げることと意訳してもよいでしょう．したがって機械学習というのは，「入力されたデータからコンピュータプログラムが自動的に学習して数学モデルを作る仕組み」と定義できます．

ここで機械学習によって向上し得る性能にはどのような性能があるでしょうか．1.1.1 項で述べた推論の性能はその最たるものです．例えば犬の外見に関するさまざまなデータからその犬種を予測するという推論であれば，既に正解の犬種名（これをラベルといいます）が付いたデータを学習することによって，プログラムを性能向上させることができます．また，気温や湿度などから，ある店舗でのビールの売り上げを予測するという推論であれば，過去の気温や湿度などのデータとその日の売り上げという「ラベル」付きのデータを学習することにより，推論のプログラムを構築したり推論の精度を上げたりすることが可能です．

1.2 機械学習モデル

前節で述べたように機械学習とは，「コンピュータプログラムが自動的に学習して数学モデルを作る仕組み」であるといえます．機械学習が実現するのは，データ群を仲間分けしたり，データ群から数値を予測したりするためのプログラムを，自動構築したり性能向上させたりすることです．そして機械学習によって構築されたり性能向上させられたりしたプログラムのことを，機械学習モデルといいます．

1.2.1 モデル

モデルとは直訳すれば「模型」です．例えば，波浪の海岸への影響を調べるために，土木工学の研究者は海浜の模型を実際に作ることがあります．工学的な意味でのモデルとは，同じ入力値を与えれば，実測値とほぼ同じ値（スケールを考慮した補正を要する場合もあります）を出力する，人工的装置のことをいいます．

工学的モデルは，物理的な模型もあれば，理論式から導出された数学モデルや，本書で扱うような機械学習モデルもあります．それぞれに共通しているのは，現実界をなるべく忠実に再現するためのチューニングという作業が必要なことです．

1.2.2 機械学習モデル

機械学習モデルの機能は，データ群を仲間分け（分類）したり，データ群から数値を予測（回帰）したりすることです．未知のデータに対してそのデータが含まれるカテゴリー（例えば東京都民，岡山県民，長野県民，…）を予測するのを**分類モデル**，数値（例えば地価，貸倒れ確率，再入院率，…）を予測するのを**回帰モデル**といいます．**図 1.1** は，第 4 章で扱うアヤメ（iris）の分類結果を表します．アヤメの花の形状に関するデータを入力値として，アヤメを

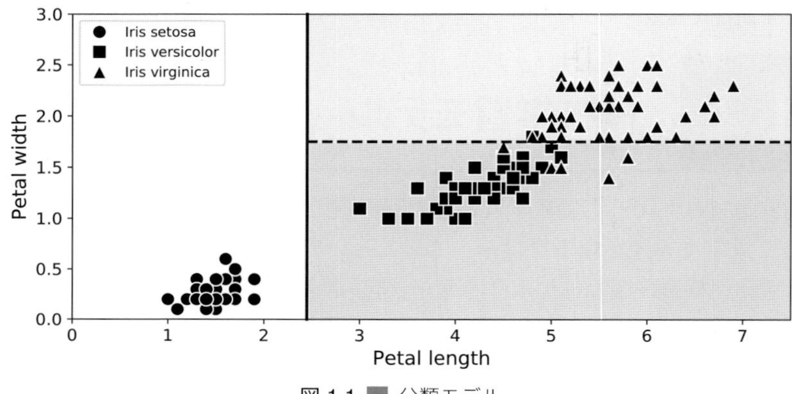

図 1.1 ■ 分類モデル

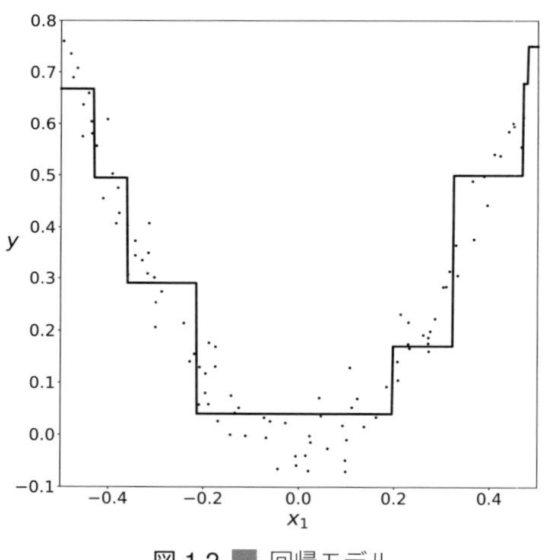

図 1.2 ■ 回帰モデル

3つの種類に分類する分類モデルによって得られた結果を図示したものです．また，**図 1.2** は，x_1 を入力値（説明変数）として出力値（目的変数）y の値を予測する回帰モデルによって得られた実線です．

機械学習モデルが理論式から導かれた数学モデルと違うのは，機械学習モデルにおいてはデータ群についての知識がなくてもモデルが作れてしまうことです．データ群を読み込むことで，モデルが分類や回帰を行うことができるよう

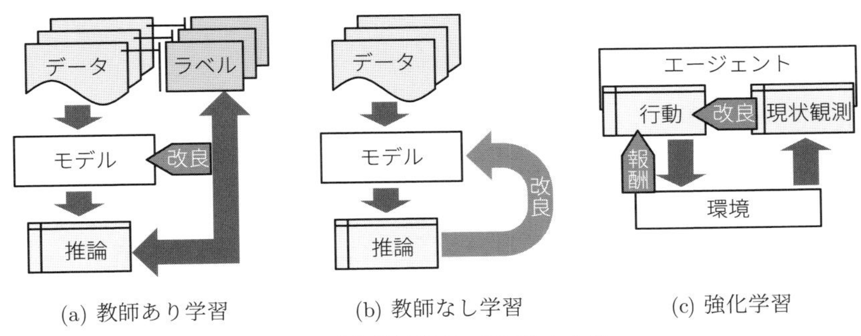

(a) 教師あり学習 (b) 教師なし学習 (c) 強化学習

図 1.3 機械学習の代表的な分類

になる仕組みを機械学習モデルはもっているのです．この仕組みのことを学習といいます．そしてこの学習には，次のようなバリエーションがあります．

■ 教師あり学習・教師なし学習・強化学習

データ群を読み込んで分類や回帰のモデルを構築したり改良したりしていくことを**学習**といいます．分類の正解であるカテゴリーや回帰の正解である数値，すなわち紐付くラベルを読み込むデータがもっている必要があるかないかで**教師あり学習**，**教師なし学習**あるいは**強化学習**と呼び分けます（**図 1.3**）．

教師あり学習では，正解ラベルの付いたデータを使ってモデルによる予測値と正解との差違を最小化するように，モデルを構築・改良していきます．

一方，教師なし学習では，正解ラベルの付いていないデータ相互の関係やパターンなどから，モデルを構築・改良していきます．

また，強化学習では，環境（外界）に対し何らかの行動をとる主体（エージェントと呼びます）に，環境から行動に対する報酬を与えることによって，エージェントはより良い行動をとることができるようになります．

■ 線形モデルと非線形モデル

機械学習モデルで分類をするときに，カテゴリーの境界が直線（平面）か曲線（曲面）かで，**線形モデル**か**非線形モデル**かに分かれます．回帰では，データ群を近似するグラフが直線（平面）か曲線（曲面）かで，線形モデルか非線形モデルかに分かれます．線形モデルでは，分類する境界や回帰を表すグラフの式は 1 次式，非線形モデルでは 1 次式以外の式になります．

本書で扱うサポートベクトルマシンは，分類でも回帰でも使える機械学習モデルであり，また線形・非線形の両方で活用できます．

1.3 機械学習分類モデルの作りかた

本節では機械学習分類モデル構築の一般的な流れを示しつつ，そこで登場する用語や概念を説明します．後章で道に迷ったら本節を振り返ってください．

用意できたデータの数などによっては，例えば交差検証をしないといったようなバリエーションはあるものの，機械学習によって分類モデルを構築する際には，おおむね次のような段取りで進みます．

機械学習分類モデル構築の流れ

Step 1. データ準備

- ①　データの読み込み
- ②　トレーニング用データとテスト用データに分割
- ③　データクレンジング
- ④　特徴量エンジニアリング
- ⑤　数値データのスケーリング

Step 2. トレーニング用データを用いた分類モデルの学習

- ①　初期モデルの作成
- ②　ハイパーパラメータの設定
- ③　交差検証用にトレーニング用データを k 個に分割
- ④　交差検証（k 個のうち1個を順に検証用データ，残りを学習用データとしてモデルのトレーニングを k 回実行）
    - (0)　$n = 1$ とする
    - (1)　n 番目の学習用データによるモデルの学習
    - (2)　n 番目の検証用データによるモデル性能の評価
    - (3)　$n = k$ ならば **Step 2** ⑤へ，$n < k$ ならば n を $n + 1$ とし **Step 2** ④ (1) へ
- ⑤　交差検証の評価の平均を求め，終了条件を満たしていたら **Step 2** ⑥へ，満たしていなければ **Step 2** ②へ

⑥　最も良い評価のハイパーパラメータで，全てのトレーニング用データを使ったトレーニング実行

Step 3. テスト用データを用いた分類モデルパフォーマンスの推定

Step 4. 分類モデルのデプロイ

Step 5. 分類モデルの運用

■ Step 1. データ準備

Step 1 は前処理ともいわれる作業で，データの読み込みからデータを分類モデル構築に有効に使用できるようにするための処理をします．ここで特に大切なのは，データをトレーニング用とテスト用に分けることです．

Step 1 ①では，データの取得や更新などの来歴に注意を払い，入手したデータをモデル構築用に使いやすいように読み込ませます．

Step 1 ②では，読み込んだデータを**トレーニング用データ**と**テスト用データ**に分割します（**図 1.4**）．例えばトレーニング用データ 80%，テスト用データ 20% というように，データの中身は見ずにランダムに分割します．トレーニング用データは，次の **Step 2** での学習に使用するデータであり，文字どおり分類モデルを訓練するためのデータです．テスト用データは，**Step 3** で使うデータです．トレーニングの済んだ分類モデルが，トレーニングに使わなかったデータに対してどのくらいの性能を示すか最終確認するためのデータです．なお，トレーニングに使わなかった新たなデータに対するモデルの性能のことを**汎化性能**といい，モデルの性能評価において最も重要な性能指標になります．

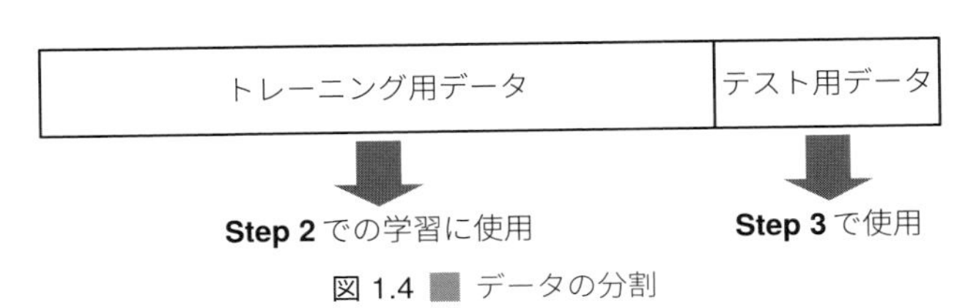

図 1.4 ■ データの分割

Step 1 ③では，読み込んだデータに**欠損**や**データ型式**の間違いがないかをチェックし修正します．欠損値については，他のデータの平均値で埋めたり，欠損値を含むデータは除外したりといった処理方法を決めて実行します．

Step 1 ④で述べた**特徴量**とは，分類モデルを構築するうえで使用するデータの成分のことをいいます．例えば，犬の種類を分類するモデルを作るときには，耳の長さ，鼻の長さ，胴体の長さ，体重などが特徴量としてあるとよいでしょう．特徴量エンジニアリングとは，データがもっている特徴量のうち分類に関係なさそうなものを外したり，いくつかの特徴量を組み合わせて分類に有効そうな新たな特徴量を作り出したりする作業のことです．

Step 1 ⑤について，分類モデルによっては特徴量ごとに数値の範囲が異なると分類性能が悪くなってしまうものがあります．その場合，次の標準化，正規化のいずれかの計算処理をします．標準化，正規化をまとめてスケーリングといいます．

- **標準化**：特徴量ごとの平均値と標準偏差（数値データの値のばらつきかたを表す指標）をそろえる
- **正規化**：それぞれの特徴量を –1 から 1（あるいは 0 から 1）の範囲に収める

■ Step 2. トレーニング用データを用いた分類モデルの学習

Step 2 は学習のステップです．分類モデルには調整用の変数（**ハイパーパラメータ**）が用意されています．ここでは，トレーニング用データを使ってハイパーパラメータのチューニングを行い，分類モデルの性能を高めます．

Step 2 ①では，分類モデルの骨格を決めます．Python 用には分類モデルの多くのライブラリが用意されており，問題にふさわしいものを選びます．

Step 2 ②では，分類モデル調整用の変数であるハイパーパラメータの初期値を設定します．

Step 2 ③，④は，**交差検証**（cross validation）と呼ばれる手法です．例えば $k = 5$ の場合，**図 1.5** に示したように，分割後の 5 個のデータ群がそれぞれ 1 回ずつ**検証用データ**となり残りの 4 個のデータ群は**学習用データ**として，「学習 → 検証」を 5 回実行します．5 回分の交差検証の評価の平均を求め，終了条件を満たしていたら **Step 2** ⑥へ進み，満たしていなければ **Step 2** ②へ戻ります．

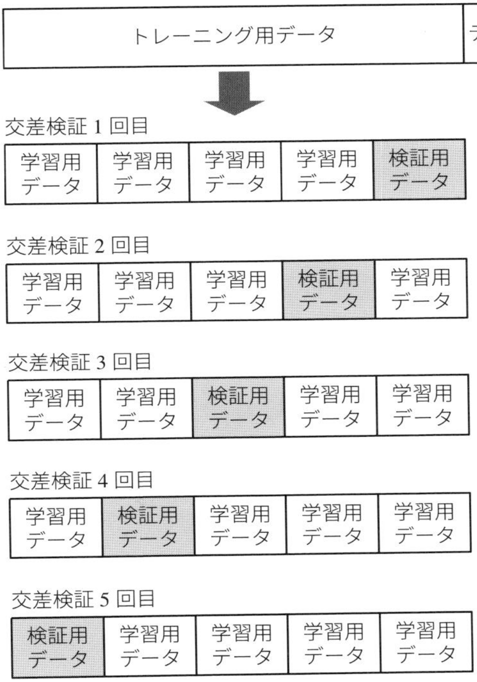

トレーニング用データ	テスト用データ

交差検証 1 回目

学習用データ	学習用データ	学習用データ	学習用データ	検証用データ

交差検証 2 回目

学習用データ	学習用データ	学習用データ	検証用データ	学習用データ

交差検証 3 回目

学習用データ	学習用データ	検証用データ	学習用データ	学習用データ

交差検証 4 回目

学習用データ	検証用データ	学習用データ	学習用データ	学習用データ

交差検証 5 回目

検証用データ	学習用データ	学習用データ	学習用データ	学習用データ

図 1.5 ■ 交差検証法

トレーニング用データ	テスト用データ

分類モデルの最終評価

図 1.6 ■ 分類モデルの最終評価

■ Step 3. テスト用データを用いた分類モデルパフォーマンスの推定

Step 3 はハイパーパラメータのチューニングを終えた分類モデルに，取り置いていたテスト用データを入れて分類を実行し，結果を評価します（**図 1.6**）．ここで得られた性能評価は，分類モデルの汎化性能の重要な目安となります．

ここは最終性能チェックなので，その結果をもってチューニングを再度実行することはしません.

■ Step 4. 分類モデルのデプロイ

Step 4 では，チェックを終えた分類モデルをサーバに配置して実データの分類を開始します.

■ Step 5. 分類モデルの運用

Step 5 は運用を開始した分類モデルのパフォーマンスをチェックし，必要ならば再学習や分類モデルの再構築を実施します.

1.4 サポートベクトルマシンの概要

本節では，本書のテーマである**サポートベクトルマシン**（**Support Vector Machine; SVM**）について概要を述べます．ここでは，SVM の全容を鳥瞰できるように数式を使わずに解説します.

SVM は 1963 年に Vladimir N. Vapnik と Alexey Ya. Chervonenkis により**線形 2 値分類**アルゴリズムとして産声を上げました．線形 2 値分類とは，**図 1.7** のように 2 種類の点の群（クラス）を 2 次元の場合では直線の境界で分類することをいいます.

1992 年には**非線形分類**（2 次元の場合では曲線の境界で分類）にも拡張され，適用範囲を大きく広げました．SVM が考案された当初は，どちらのグループに属するかのラベルが付いたデータで学習する，いわゆる教師ありの 2 値分類に用いられましたが，やがて，線形多値分類，さらには非線形の分類（**図 1.8**）や回帰，教師なし問題にも適用され，現代でも高性能な機械学習モデルとして活用されています.

SVM が活用される理由としては，モデルの最適化に際して用いられる**凸二次計画問題**という解きかたが，よく研究された数学問題に帰着でき，凸二次計画問題の特徴である「局所的な解に陥らず大域的最適解を探索可能である」という特性を SVM がもつことが挙げられます．また，学習に用いていない未知のデータに対する分類性能である汎化性能を，学習用データに対する分類性能とのトレードオフの中で比較的容易にコントロールできる特徴も，SVM が長

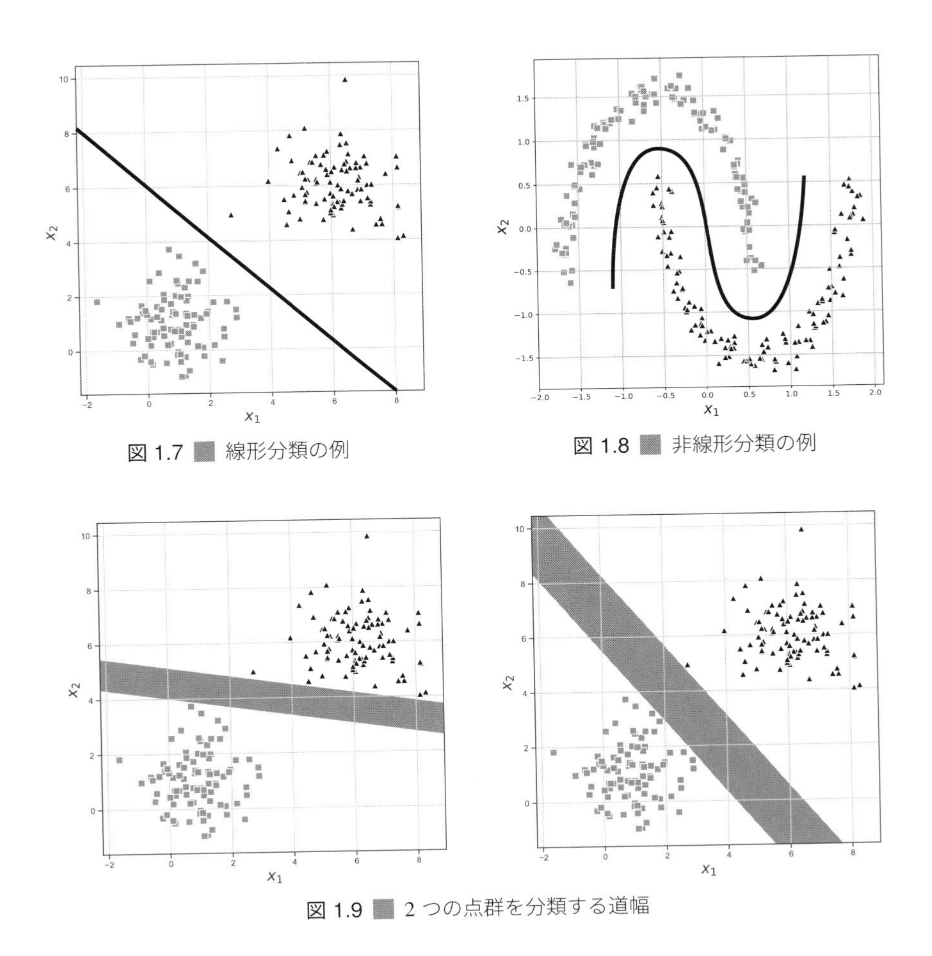

図 1.7 ■ 線形分類の例

図 1.8 ■ 非線形分類の例

図 1.9 ■ 2 つの点群を分類する道幅

年にわたり使われ続けている理由の一つです．

では，SVM はいったいどのような仕組みで機械学習を実現しているのでしょうか．数学を使った詳細な説明は後章に譲るとして，ここでは例として，**図 1.9** のような平面上の点群の分類について説明しましょう．

図 1.9 の 2 つの点群を 1 本の道で区切ろうとしたときに，なるべく広い幅で，なおかつ反対のクラス側に越境する点が少なくなるような道を通すことを考えましょう．これが今から学ぶ SVM の基本的な考え方です．この場合，図 1.9 では右のほうが良いと判断されます．越境している点は左右ともありませ

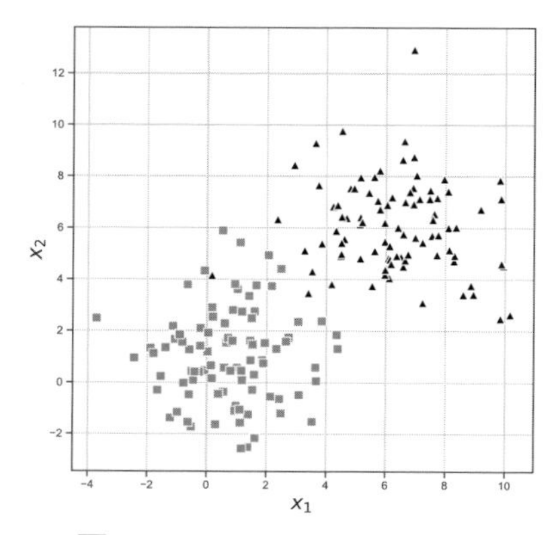

図 1.10 ハードマージン SVM では無理な場合

んが，道幅が右のほうが広いからです．

ではなぜ，道幅が広いほうが良いのでしょうか？

今考えている分類のアルゴリズムは，まず，どちらのクラスに属するかあらかじめラベル付けされた学習用データを使って，最適な道の通しかたを決めます．そして，その道のセンターラインを使って，未知のデータ（点）を分類します．この未知のデータに対する分類のパフォーマンスのことを汎化性能といいます．分類境界の道幅が広いとこの汎化性能が高いということが推察されます．そこには「距離が近い点は似たような特徴をもっている」という前提があります．

また，図 1.9 では，道の中に 1 つも点が入らないような道の引きかたをしました．このような道の引きかたを採用する SVM を，**ハードマージンサポートベクトルマシン（ハードマージン SVM）**といいます．しかし，こうした道が引ける点群の分布はなかなかありません．例えば，**図 1.10** のような点群の分布ですと，ハードマージン SVM では道の引きようがありません．

そこで**図 1.11** のように，ある程度は道の中に点が入ってきてもよいことにして，道を引いてしまうというやりかたがあります．このような道のセンターラインを分類境界にするような SVM を，**ソフトマージンサポートベクトルマシン（ソフトマージン SVM）**といいます．

では**図 1.12** のように，もう少し入り組んだ配置になった 2 クラスの点群の場合はどうでしょうか？

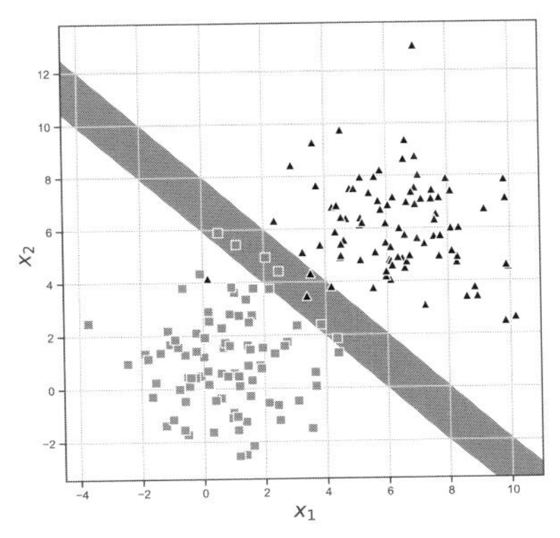

図 1.11 ■ ソフトマージン SVM（図 1.10 に境界となる道を引いた）

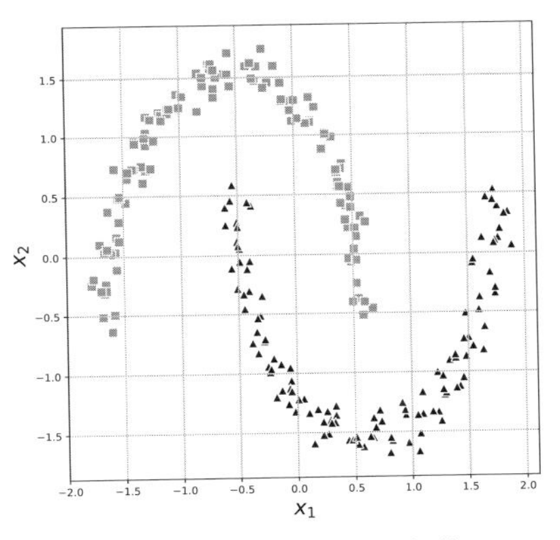

図 1.12 ■ 入り組んだ点群

この場合は，**図 1.13**(a) のように無理やり直線の道を通してしまうというのも一つの方法です．しかし，この方法ではどう見ても誤分類が発生してしまいます．できることならば，図 1.13(b) のように曲線の道を通したいものです．このような曲線の道も，SVM ならば引くことができるのです．これを実現するのが，**カーネル法**という手法です．カーネル法は入力データ，ここでは点群の配置を分類しやすいようにうまく変換しておいてから線形分類を実行する手法として用いられます．このカーネル法の導入によって非線形分類問題を解けるようになり，SVM が適用できる領域が大きく広がりました．

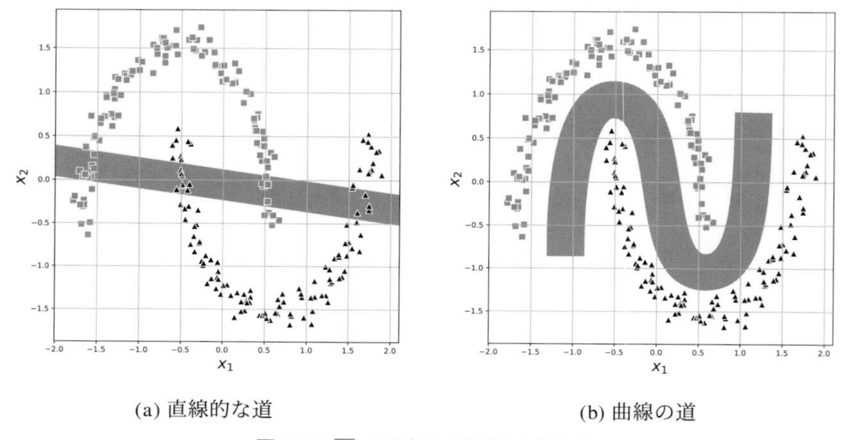

(a) 直線的な道　　(b) 曲線の道

図 1.13　入り組んだ点群の分け方

1.5 サポートベクトルマシンの特徴

前節ではサポートベクトルマシン（SVM）の概要を述べました．マージン最大化やハードマージン SVM と，それを条件緩和したソフトマージン SVM について，またカーネル法という技術を使うことで線形分類のみならず非線形分類にも適用可能になることについて，輪郭を鳥瞰してもらいました．

またその中で，SVM の特徴についてもいくつか述べました．本節では，SVM を他の機械学習アルゴリズムから区別する特徴を，SVM の概要の把握に関連付けてあらためて列挙します．

■ 汎化性能のコントロールのしやすさ

2 つのデータ群を識別するハードマージン SVM では，マージンの中（分類境界側）にデータが入ることは許されません．一方，その条件を緩和し，多少であればマージンの中にデータが入ることを許容して分類モデルを構築していくのが，ソフトマージン SVM です．そして，このマージン内侵入の許容度を 1 つのハイパーパラメータで制御できるのが，SVM の特徴の一つです．マージン内侵入の許容度を適度に大きくすれば，学習用データへの過学習は避けら

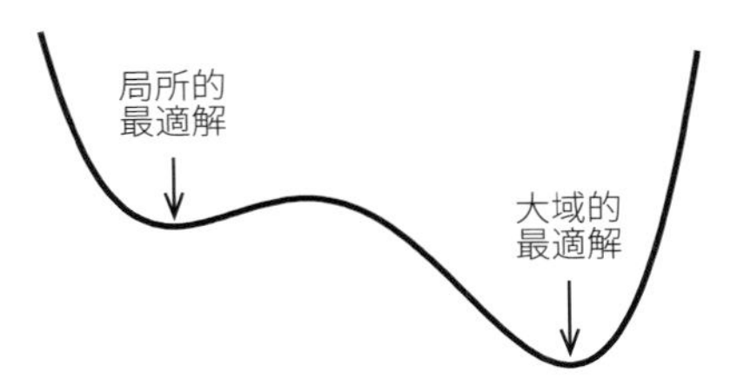

図 1.14 ■ 局所的最適解と大域的最適解

れ，汎化性能は上がりますが，ほどほどにしないと分類性能を低下させてしまいます．その落としどころを交差検証と組み合わせて見つけ出し，汎化性能を最適化できるのが SVM の特徴の一つです．

■ カーネル法による非線形分類への拡張

SVM は線形 2 値分類のアルゴリズムとして考案されました．しかし，カーネル法の導入により非線形分類にも適用が可能になりました．また，カーネルトリックという手法によって，カーネル法を導入しても計算量を抑制できるようになります．

■ 大域的最適解の探索が可能

SVM ではパラメータの最適化において，**局所的最適解**ではなく**大域的最適解**に収束するという特徴をもちます（**図 1.14**）．この特徴は，SVM における最適化が凸二次計画問題に帰着できることによるもので，詳しい解説は本書の範囲を超えますがとても大事な特徴です．

■ 分類境界線付近以外のデータの影響を受けにくい

SVM の基本であるマージン最大化のアルゴリズムでは，**分類境界線**付近にあるデータだけを使います．したがって，それ以外のデータを取り去ってしまっても分類境界は影響を受けません．これは，仲間のデータ群から大きく離れたいわゆる「はずれ値」の存在に分類モデルの性能が左右されることがないということを意味しており，重要な特徴であるといえます．

■ SVMの弱点

以上，SVMの特徴を4点挙げました．一方，SVMの弱点については，

- データ量が大きいと計算量がきわめて大きくなる．
- 値の変動幅の大きい特徴量の影響を過大評価してしまう．
- 多クラス分類では工夫が必要である．

といったものが挙げられます．とはいえ，それぞれの弱点については有効な対策が既に考案されており，致命的な問題ではなくなっています．

1.6 本書の読みかた

ここまでは，数学を使わずにSVMを解説しました．SVMは直感的でとてもわかりやすいイメージをもったのではないでしょうか．Pythonになじみがあり，「Pythonで機械学習をやってみたい！」と意気込んで読んだ方なら，もうライブラリを使えば簡単な2値分類のコードが書けそうです．ところが，ハイパーパラメータを変化させて学習用データに対してより精度を高めたい，あるいはその逆で精度はほどほどで良いが汎化性能を向上させたい，と思ったときに困ることがあります．ソフトマージンSVMで登場するハイパーパラメータCのように，境界となる道の内部や境界にデータがどのくらい侵入してよいかという直感的にわかりやすいパラメータは，思うような結果を得るように変化させることが可能です．一方，カーネル法で扱うカーネル関数の数式に含まれるハイパーパラメータを変化させた際には，分類性能がどう変わるかについて直感的に予想がつくということは必ずしもありません．これではせっかくのカーネル法の恩恵が得られません．そこで必要となるのが，カーネル関数やカーネル法についての数学的理解です．

上で述べたカーネル法に限らず，SVMのアルゴリズムを理解するには，それなりの数学的な素養が必要であり，またかなりハードルの高い部分もあります．例えば，モデルの最適化に際して導入する双対問題（3.2節参照）や，SVMを非線形問題に適用するために導入するカーネル法（4.1節参照）は，扱う数式が複雑です（特に，スカラー，ベクトル，行列の記号がたくさん出てくるのは見た目にも「しんどさ」を感じるかもしれません）．しかし一方で，

一つ一つの数式やその変形がどのような目的で行われているかを丁寧に追うことが，SVM のしっかりとした理解に欠かせないといえます．

とはいえ，実際のところ高校レベルの数学で大部分は議論することができ，そこに大学で学ぶ微分や線形代数のごく基本的なことさえ付け加えれば，数式を追うことも理解することも，実際には難しくないといえます．そのようなわけで，高校レベルの数学のうち SVM のアルゴリズムの理解に必要なテーマを厳選し，またその延長線として大学で学ぶ微分や線形代数の基本事項を理解できるよう，SVM を理解するための数学の基礎を第 2 章にまとめました．なお，第 2 章で解説する数学は，本書のテーマである SVM のみならず，ニューラルネットワークやその他の機械学習アルゴリズムを学習する際にも役立つものです．技術の世界で数学を身に付けることは，そこで使われている公用語をマスターするようなものです．できればこれを機に，第 2 章で扱う程度の数学は是非身に付けておいてほしいと思います．

また，第 2 章では Python のコードも扱いました．SVM をはじめ機械学習の各分野では，第 2 章で扱うベクトルや行列の計算が頻出します．そこでまずは，Python でベクトルや行列をどのように扱い計算するかを，簡潔ですがわかりやすくまとめるとともに，サンプルコードを載せています（なお，本書を読むために必要な Python の文法については付録にまとめています）．

第 3 章と第 4 章では，第 2 章の理解を前提とした SVM の解説を行います．本書では，類書と比べてかなり丁寧に，できるだけ省略なしに数式の変形を載せていますので，実際に紙に数式を書いて，できれば自力で式変形しながら読み進めてください．そうすることで，SVM のアルゴリズムの理解が一段と深まり，先に述べた，Python でコーディングする際のハイパーパラメータのチューニングも，自信をもって行うことができるようになるはずです．

第2章

数学の基礎

機械学習のアルゴリズムは全て数学で記述されています．機械学習の論文に数式が１本もないことはあり得ません．数学を知らずに機械学習で分類モデルを作るということは，そもそも無理だといえます．

ただ，数学といっても，本書で扱うサポートベクトルマシンの基礎理論を理解するだけならば高校で習う数学でたいていは事足ります．

そこで本章では，高校レベルの数学を中心に，機械学習を理解するうえで欠かせない内容だけをピックアップして解説します．前提知識としては，高校の科目「数学Ｉ」を修得していれば十分に理解できるレベルにしました．数式の変形や例は実際に手を動かして計算していくと深い理解が得られるはずです．

2.1 ベクトル

ベクトルの応用先というと物理学，なかでも力学において力や速度のように大きさと向きをもつ物理量を表すために用いることをイメージする人が多いのではないでしょうか．しかし，データサイエンスの世界では，ベクトルは，データの1セットを表すために使われることがほとんどです．例えば，ある人の身長〔cm〕，体重〔kg〕，BMIを順に(180，72，21)のようにセットにして表記します．こうしておくことで，データ相互の関係（この例ではAさんとBさんは体形が似ているかどうか等）を計算で求めることができるようになりますが，これはベクトルの成分に着目した考え方です．

本節では，はじめは大きさと向きをもつ幾何学的な対象としてベクトルを論じ，その後はベクトルをデータサイエンスで使う際の発想について触れていきます．

2.1.1 ベクトルとは何か

■ ベクトルで2点間の移動を表現

はじめに，2次元空間すなわち平面上のベクトルについて述べます．

xy 平面上に2点P，Qがあり，小さな物体Aが点Pから点Qに移動したとします．この移動を数学的に表すにはどうしたらよいでしょうか？　PQ間の距離だけでは，PからQに移動したのかQからPに移動したのかわからなくなってしまいます．そこで，PQ間の距離の情報に加えて移動の向きの情報も一緒に表示できる方法があると便利です．その方法の一つが今から述べるベクトルです．

すなわち，点Pから点Qへの移動を $\overrightarrow{PQ}$ と表し，この $\overrightarrow{PQ}$ をベクトルといいます．ここで点Pをベクトル $\overrightarrow{PQ}$ の始点，点Qをベクトル $\overrightarrow{PQ}$ の終点と呼びます（**図2.1**）．

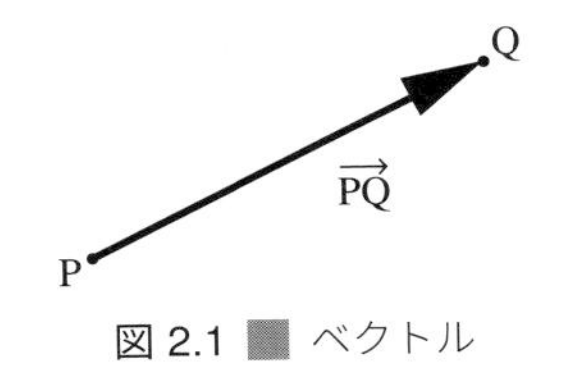

図 2.1 ベクトル

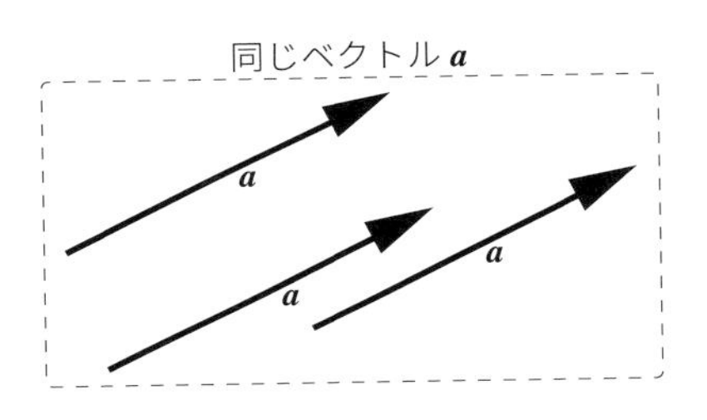

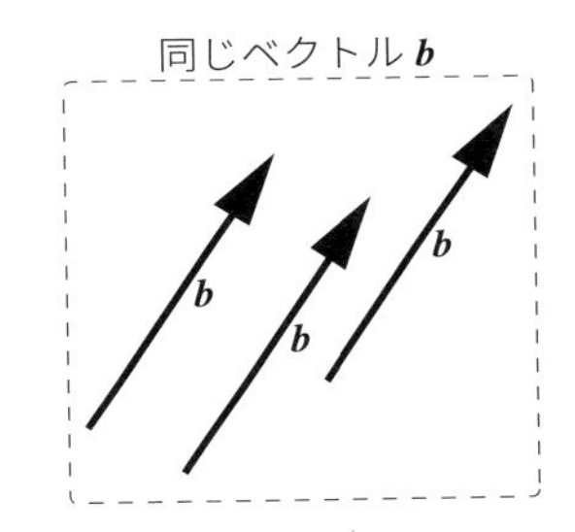

図 2.2 互いに平行なベクトル

■ ベクトルは平行移動しても不変

ベクトルは上述のように大きさと向きをあわせもち，また大きさと向きが等しければ，どこにあっても同じベクトルとなります．いい換えれば，大きさと向きを維持した移動，すなわち平行移動によってベクトルは変化しません（**図 2.2**）．例えば，どの地点にいる人でも「北に 2 m，東に 1 m の移動」を表すベクトルは同じベクトルです．そこで，いちいち始点と終点を示す $\overrightarrow{\mathrm{PQ}}$ という表記ではなく，（特に始点と終点を示す必要がない場合は）$\boldsymbol{a}$，$\boldsymbol{b}$ のような太字でベクトルを表すことがあります[1)]．

■ ベクトルの成分表示

ベクトルは平行移動しても不変なので，始点を座標の原点にもっていくこともできます．そのときの終点の座標を使ってベクトルを表すことを，**ベクトルの成分表示**といいます．

図 2.3 の場合，$\boldsymbol{a}$，$\boldsymbol{b}$ の終点の座標がそれぞれ $(4,1),(2,4)$ なので，

1） 高校数学では $\vec{a},\vec{b}$ のように文字に矢印をのせた表記が一般的ですが，大学や研究の世界では $\boldsymbol{a}$，$\boldsymbol{b}$ と表すのが一般的です．

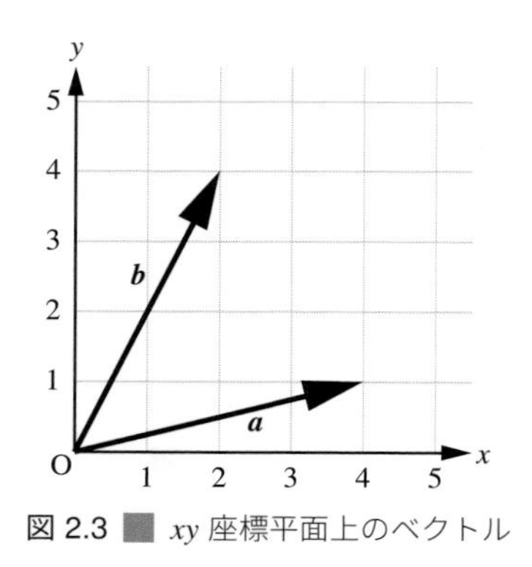

図 2.3 ■ xy 座標平面上のベクトル

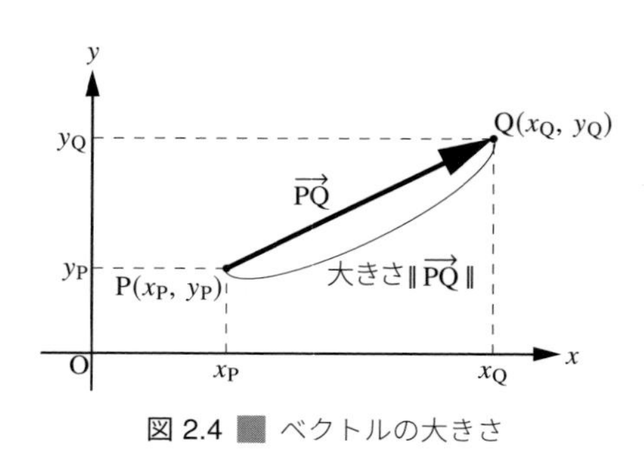

図 2.4 ■ ベクトルの大きさ

$$\boldsymbol{a} = (4, 1)$$
$$\boldsymbol{b} = (2, 4)$$

と成分表示ができます．

■ ベクトルの大きさは 2 点間の距離

点 P，Q の座標をそれぞれ (x_P, y_P)，(x_Q, y_Q) とすると，$\overrightarrow{PQ}$ の大きさ $\|\overrightarrow{PQ}\|$ は 2 点 P，Q の間の距離として定義され，

$$\|\overrightarrow{PQ}\| = \sqrt{(x_Q - x_P)^2 + (y_Q - y_P)^2} \tag{2.1}$$

となります（**図 2.4**）[2)]．

■ *n* 次元ベクトルの大きさ

以上は全て 2 次元ベクトルについて述べてきました．これは 3 次元，4 次元，…，n 次元の場合，全てそのまま拡張できます．

点 P，Q の座標をそれぞれ $(x_{P1}, x_{P2}, \cdots, x_{Pn})$，$(x_{Q1}, x_{Q2}, \cdots, x_{Qn})$ とすると，$\overrightarrow{PQ}$ の大きさ $\|\overrightarrow{PQ}\|$ は 2 次元の場合と同様に 2 点 P，Q の間の「距離」として定義され，次のように表されます．

2） このようなベクトルの大きさを，**L2 ノルム**ということもあります．

$$\|\overrightarrow{\mathrm{PQ}}\| = \sqrt{(x_{\mathrm{Q}1} - x_{\mathrm{P}1})^2 + (x_{\mathrm{Q}2} - x_{\mathrm{P}2})^2 + \cdots + (x_{\mathrm{Q}n} - x_{\mathrm{P}n})^2} \tag{2.2}$$

なお，以下では図示によって幾何学的に理解しやすいように2次元ベクトルについて述べますが，n 次元ベクトルについてもそのまま成り立ちます．

■ ベクトルの演算

3点P，Q，Rがあって，$\boldsymbol{a} = \overrightarrow{\mathrm{PQ}}$，$\boldsymbol{b} = \overrightarrow{\mathrm{QR}}$ とすると，$\boldsymbol{a} + \boldsymbol{b} = \overrightarrow{\mathrm{PR}}$ とベクトルの和を定義できます．すなわち，

$$\overrightarrow{\mathrm{PQ}} + \overrightarrow{\mathrm{QR}} = \overrightarrow{\mathrm{PR}}$$

であり，いわばしりとりのようにベクトルは足し算します（**図 2.5**）．

ベクトルの加法については次の規則が成立します．

- **交換則**：$\boldsymbol{a} + \boldsymbol{b} = \boldsymbol{b} + \boldsymbol{a}$
- **結合則**：$(\boldsymbol{a} + \boldsymbol{b}) + \boldsymbol{c} = \boldsymbol{a} + (\boldsymbol{b} + \boldsymbol{c})$

特別なベクトルとして，大きさが0で，向きがないベクトル，すなわち零ベクトル $\boldsymbol{0}$ を導入すると，次の事実が成り立ちます．

- **零ベクトルの存在**：$\boldsymbol{a} + \boldsymbol{0} = \boldsymbol{a}$

$\boldsymbol{a} = \overrightarrow{\mathrm{PQ}}$ に対して，始点と終点を逆転したベクトルを**逆ベクトル**といい，$-\boldsymbol{a}$ で表します．このとき，$-\boldsymbol{a} = -\overrightarrow{\mathrm{PQ}} = \overrightarrow{\mathrm{QP}}$ となります．

また，$\boldsymbol{a} + (-\boldsymbol{b})$ を $\boldsymbol{a} - \boldsymbol{b}$ と表します（**図 2.6**）．

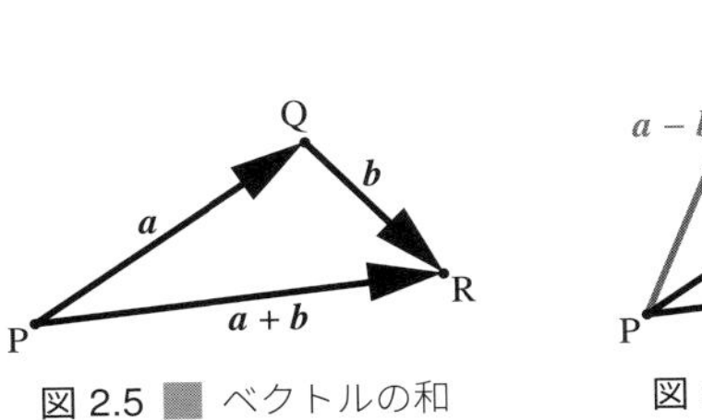

図 2.5 ■ ベクトルの和　　図 2.6 ■ ベクトルの差

実数 c とベクトル $\boldsymbol{a}$ の積 $c\boldsymbol{a}$（$\boldsymbol{a}$ の実数倍）はベクトルであり，次のように定義されます．

- $c > 0$ ならば，$\boldsymbol{a}$ と同じ向きで大きさが c 倍のベクトル（**図 2.7**(a)）
- $c < 0$ ならば，$\boldsymbol{a}$ と逆向きで大きさが $|c|$ 倍のベクトル（図 2.7(b)）
- $c = 0$ ならば，$\boldsymbol{0}$（零ベクトル），すなわち $0\boldsymbol{a} = \boldsymbol{0}$

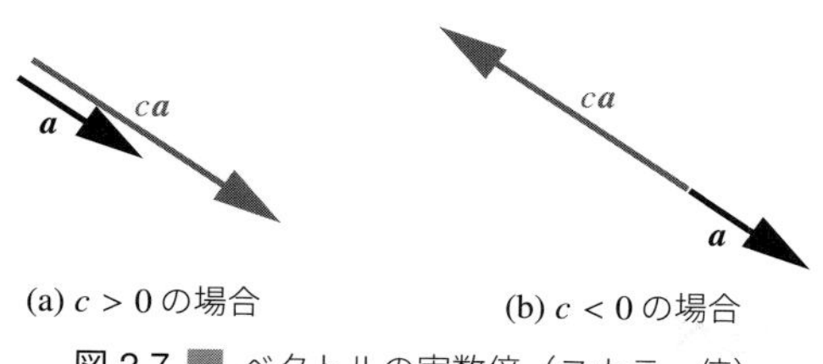

図 2.7 ■ ベクトルの実数倍（スカラー倍）

ベクトルの実数倍に関連して，c，d を実数として，次の規則が成立します．

- **係数の分配則**：$c(\boldsymbol{a} + \boldsymbol{b}) = c\boldsymbol{a} + c\boldsymbol{b}$
- **ベクトルの分配則**：$(c + d)\boldsymbol{a} = c\boldsymbol{a} + d\boldsymbol{a}$
- **結合則**：$(cd)\boldsymbol{a} = c(d\boldsymbol{a})$

■ ベクトルでデータセットを表現

ここまでは，ベクトルは大きさと向きをもった量ということでもっぱら図形的なイメージで考えてきました．ところが，ベクトルの成分表示を使うことで，ベクトルがひとそろいのデータ，すなわちデータセットを表すことにも使えるようになります．

例えば，A さんの身長〔cm〕，体重〔kg〕，BMI，年齢を順に

$$\boldsymbol{a} = (182.5, 76.4, 21, 41)$$

のように，1 つのベクトル $\boldsymbol{a}$ としてまとめてしまうことができます．B さん，C さん，… にもデータを提供してもらい，B さんのデータセット $\boldsymbol{b}$，C さんのデータセット $\boldsymbol{c}$，… をそれぞれ

$$\boldsymbol{b} = (172.4, 72.4, 18, 29)$$

$$\boldsymbol{c} = (183.2, 89.4, 24, 47)$$

$$\cdots$$

のようにベクトル化することができます．このようにして定めたベクトルは，データの取扱いにおいて有用です．例えば，俳優の A さんのスタントマンを B さん，C さん，$\cdots$ の中から選ぶときに，ベクトル $\boldsymbol{a}$ とベクトル $\boldsymbol{b}$，$\boldsymbol{c}$，$\cdots$ それぞれの間の「距離」を計算すると効率的に A さんと似た体形のスタントマンを探せるのではないでしょうか．ベクトル化したデータセット間の距離が「類似性」の目安になるという考えかたはデータサイエンスの至るところで使われています．

2.1.2 位置ベクトル

■ 位置ベクトルは座標を成分とするベクトル

ここでもイメージしやすいように，2 次元空間すなわち平面上のベクトルについて考えます．

xy 平面上に点 $\mathrm{P}(x_\mathrm{P},\ y_\mathrm{P})$ があります．原点 O を始点とし，点 P を終点とするベクトル

$$\overrightarrow{\mathrm{OP}} = \boldsymbol{p} = (x_\mathrm{P},\ y_\mathrm{P})$$

を点 P の**位置ベクトル**といいます．同様に点 $\mathrm{Q}(x_\mathrm{Q},\ y_\mathrm{Q})$ の位置ベクトルは，

$$\overrightarrow{\mathrm{OQ}} = \boldsymbol{q} = (x_\mathrm{Q},\ y_\mathrm{Q})$$

と書けます．

前項でベクトルの成分表示を説明しました．ベクトルを平行移動して始点を座標の原点に一致させたとき，終点の座標がベクトルの成分となる，というものでした．この話とつなげますと，ある点の位置ベクトルの成分は，その点の座標ということになります．

例えば，**図 2.8** の場合，$\boldsymbol{a}$，$\boldsymbol{b}$ の始点が原点で，終点の座標がそれぞれ A (4,1) B (2,4) なので，

$$\boldsymbol{a} = (4, 1)$$

$$\boldsymbol{b} = (2, 4)$$

は $\boldsymbol{a}$，$\boldsymbol{b}$ はそれぞれの点の位置ベクトルであるといえます．

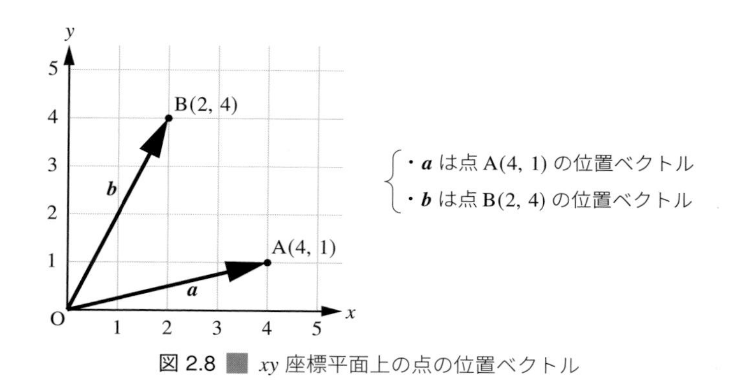

図 2.8 ■ xy 座標平面上の点の位置ベクトル

位置ベクトルの便利なところは，幾何学のさまざまな問題が，位置ベクトルの導入によってベクトル計算で解けてしまうことです．第3章以降で扱う（本書のメインテーマである）サポートベクトルマシンという手法もまさに，幾何学的な問題を，位置ベクトルを用いることで，コンピュータプログラムで処理することを容易にしています．

では，ベクトルの扱いに慣れる意味合いを込めて，位置ベクトルを使って図形の問題を考えてみましょう．

■ 線分を内分する点の位置ベクトル

図 2.9 のように，2点P，Qを結ぶ線分PQを $m : n$ に分ける点（内分する点）Rの位置ベクトルを $\boldsymbol{r}$ とすると，この $\boldsymbol{r}$ は2点P，Qの位置ベクトル $\boldsymbol{p}$, $\boldsymbol{q}$ を使ってどのように表されるでしょうか．

まず，前項で述べたしりとりの要領で，$\overrightarrow{\mathrm{OP}} + \overrightarrow{\mathrm{PQ}} = \overrightarrow{\mathrm{OQ}}$ なので，

$$\overrightarrow{\mathrm{PQ}} = \overrightarrow{\mathrm{OQ}} - \overrightarrow{\mathrm{OP}} = \boldsymbol{q} - \boldsymbol{p}$$

したがって，$\boldsymbol{r}$ は，次のように m, n を含む形で表すことができます．

$$\begin{aligned}\boldsymbol{r} &= \overrightarrow{\mathrm{OP}} + \overrightarrow{\mathrm{PR}} = \overrightarrow{\mathrm{OP}} + \frac{m}{m+n}\overrightarrow{\mathrm{PQ}} \\ &= \boldsymbol{p} + \frac{m}{m+n}(\boldsymbol{q} - \boldsymbol{p}) = \frac{(m+n)\boldsymbol{p} + m(\boldsymbol{q} - \boldsymbol{p})}{m+n} \\ &= \frac{n\boldsymbol{p} + m\boldsymbol{q}}{m+n}\end{aligned}$$

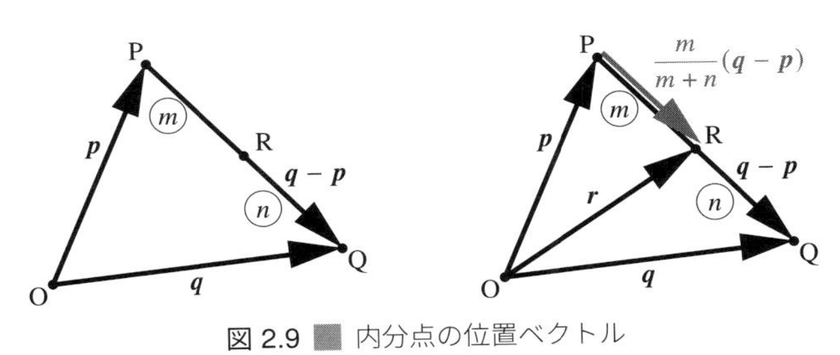

図 2.9 ■ 内分点の位置ベクトル

■ ベクトル方程式

図 2.10 のように，位置ベクトル $\boldsymbol{p}$ の点 P を通りベクトル $\boldsymbol{d}$ に平行な直線 l 上の点 R の位置ベクトルを $\boldsymbol{r}$ とおくと，$\boldsymbol{r}$ は，実数 t を用いて

$$\boldsymbol{r} = \boldsymbol{p} + t\boldsymbol{d} \tag{2.3}$$

と表せます．式 (2.3) を直線 l の**ベクトル方程式**といい，$\boldsymbol{d}$ を直線の方向ベクトル，t を媒介変数（パラメーター）といいます．

位置ベクトルを導入することで，平面上の全ての点と 2 次元ベクトルが 1 対 1 に対応しますので，平面図形に関する考察がベクトルを使って可能になるのです．さらに，これを n 次元ベクトルに拡張することで，n 次元空間に関する議論が可能になります．

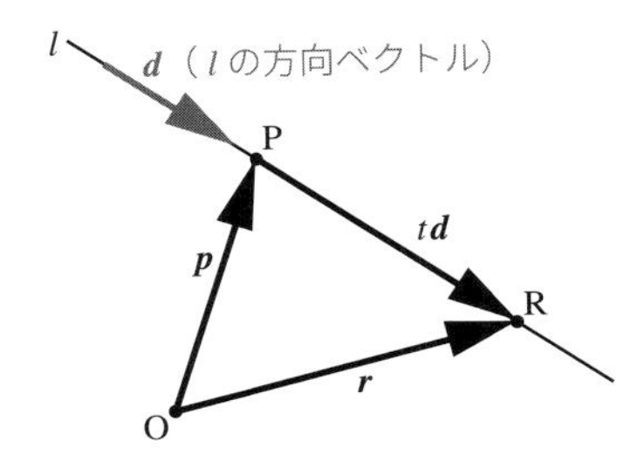

図 2.10 ■ 直線の方向ベクトルと直線上の点の位置ベクトル

2.1.3 三角比と余弦定理

ベクトルの応用範囲を広げる「内積」という概念があります．その説明の前に，ここで三角比について触れておきます．

■ 三角比のまとめ

図 2.11 のように，直角三角形の直角以外の角の一つを θ とおき，辺の長さを a，b，c とおきます．**三角比**というのは，各辺の比を次のように表したものです．

$$\cos\theta = \frac{b}{a} \tag{2.4}$$

$$\sin\theta = \frac{c}{a} \tag{2.5}$$

$$\tan\theta = \frac{c}{b} \tag{2.6}$$

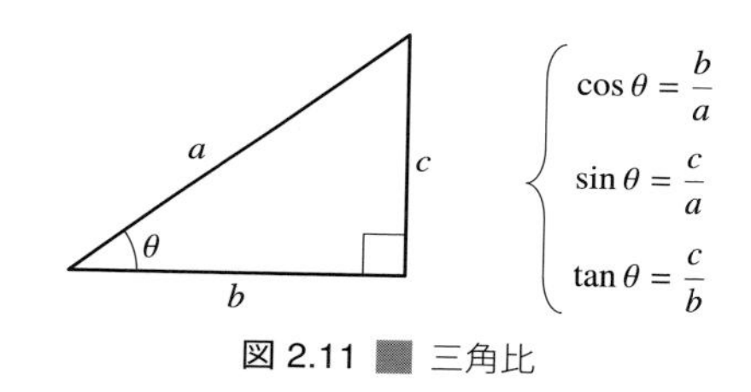

図 2.11 ■ 三角比

関数については 2.3 節で説明しますが，ここで出てくる $\cos\theta$，$\sin\theta$，$\tan\theta$ は θ の値によって変化するので，θ の関数であるといえます．そこで $\cos\theta$，$\sin\theta$，$\tan\theta$ のことを三角関数とも呼びます．

上の定義からは，θ の値は $0° < \theta < 90°$ の範囲しか動けませんが，どんな角度（数値）を入れてもよいように次のように一般化することができます．

図 2.11 の直角三角形について，三平方の定理

$$b^2 + c^2 = a^2 \tag{2.7}$$

から，

$$\cos^2\theta + \sin^2\theta = \frac{b^2}{a^2} + \frac{c^2}{a^2} = \frac{b^2 + c^2}{a^2} = \frac{a^2}{a^2} = 1$$

$$\therefore \quad \cos^2\theta + \sin^2\theta = 1 \tag{2.8}$$

という便利な関係式が導けます．

この式で $x = \cos\theta$，$y = \sin\theta$ とおくと

$$x^2 + y^2 = 1 \tag{2.9}$$

が得られますが，これは，xy 平面上で原点からの距離が 1 である点 (x, y) の集合，つまり，原点を中心とする半径 1 の円を表します．この円を**単位円**といいます（**図 2.12**）．

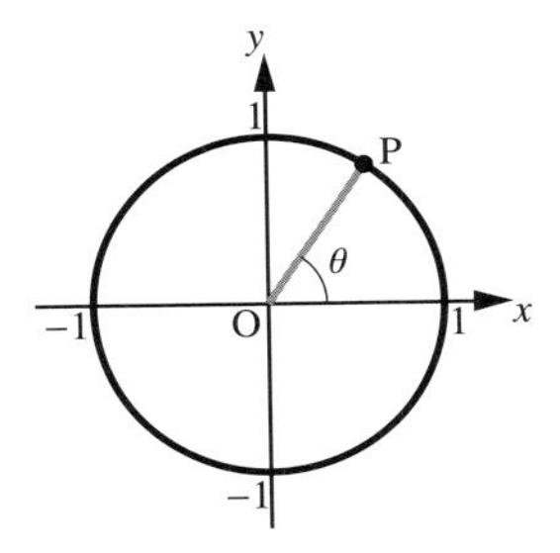

図 2.12 ■ xy 平面上の単位円

単位円上の点 P と原点を結ぶ線分と x 軸のなす角を θ とすると，点 P の座標は $(\cos\theta, \sin\theta)$ と表せます．この考え方を使えば，$0° < \theta < 90°$ 以外の角度についても $\cos\theta$，$\sin\theta$ の値を得ることができます．以下にいくつかの θ の値における三角比の値を列挙します．

$\theta = 0°$ ： $\cos 0° = 1$， $\sin 0° = 0$， $\tan 0° = 0$

$\theta = 30°$ ： $\cos 30° = \dfrac{\sqrt{3}}{2}$， $\sin 30° = \dfrac{1}{2}$， $\tan 30° = \dfrac{1}{\sqrt{3}}$

$\theta = 45°$ ： $\cos 45° = \dfrac{1}{\sqrt{2}}$， $\sin 45° = \dfrac{1}{\sqrt{2}}$， $\tan 45° = 1$

$\theta = 60°$ ： $\cos 60° = \dfrac{1}{2}$， $\sin 60° = \dfrac{\sqrt{3}}{2}$， $\tan 60° = \sqrt{3}$

$\theta = 90°$ ： $\cos 90° = 0$， $\sin 90° = 1$， $\tan 90°$ は定義されない

$\theta = 180°$ ： $\cos 180° = -1$， $\sin 180° = 0$， $\tan 180° = 0$

また，図 2.12 を用いると，下記の有用な関係も導くことができます．

$$\cos(90° - \theta) = \sin\theta, \quad \sin(90° - \theta) = \cos\theta,$$
$$\cos(180° - \theta) = -\cos\theta, \quad \sin(180° - \theta) = \sin\theta$$

■ 余弦定理

次に，余弦定理という三角比の定理を紹介します．余弦定理は次項で扱う内積の性質に関わるほか，サポートベクトルマシンの理解にも必要となります．

図 2.13 のような三角形について，1つの角とそれをはさむ2辺の長さから，残る1辺の長さを求める定理で，次の式で表されます．

$$c^2 = a^2 + b^2 - 2bc\cos\theta \tag{2.10}$$

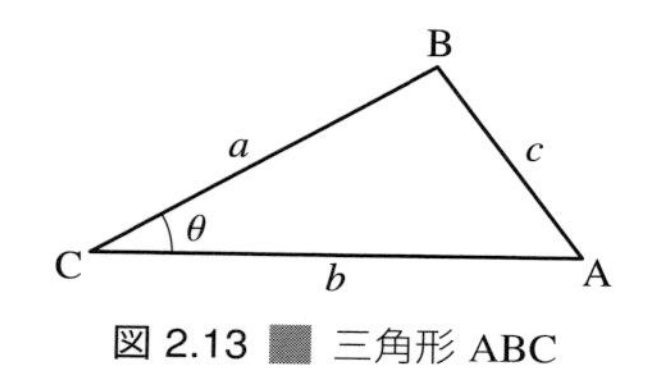

図 2.13 ■ 三角形 ABC

証明の概略は以下のとおりです．

$\theta < 90^\circ$ の場合

図 2.14 のように，点Bから辺ACに垂線を引き，垂線の足をHとおきます．すると，

$$\mathrm{AH} = \mathrm{AC} - \mathrm{CH} = b - a\cos\theta$$

$$\mathrm{BH} = a\sin\theta$$

$$\mathrm{AB} = c$$

なので，三平方の定理より得られる $\mathrm{AB}^2 = \mathrm{AH}^2 + \mathrm{BH}^2$ にこれらを代入して，式 (2.8) を用いると

$$\begin{aligned} c^2 &= (b - a\cos\theta)^2 + a^2\sin^2\theta \\ &= b^2 - 2ab\cos\theta + a^2\cos^2\theta + a^2\sin^2\theta \\ &= a^2 + b^2 - 2ab\cos\theta \end{aligned}$$

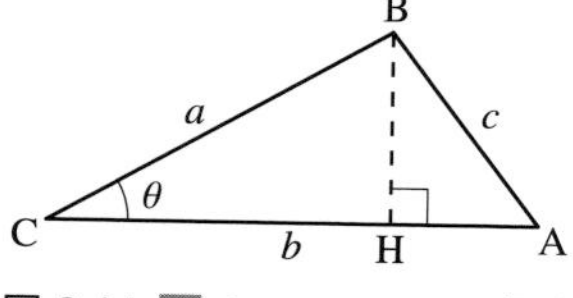

図 2.14 ■ $0^\circ < \theta < 90^\circ$ の場合

$\theta = 90^\circ$ の場合

式 (2.10) で $\theta = 90^\circ$ とすると（**図 2.15**）

$$
\begin{aligned}
c^2 &= a^2 + b^2 - 2ab\cos 90^\circ \\
&= a^2 + b^2
\end{aligned}
$$

これは三平方の定理そのものですね.

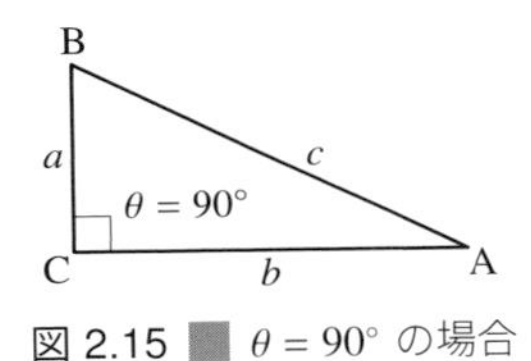

図 2.15 ■ $\theta = 90^\circ$ の場合

$\theta > 90^\circ$ の場合

図 2.16 のように，点 B から辺 AC の延長線上に垂線を引き，垂線の足を H とおきます.

$$
\mathrm{AH} = \mathrm{AC} + \mathrm{CH} = b + a\cos(180^\circ - \theta) = b - a\cos\theta
$$

$$
\begin{aligned}
\mathrm{BH} &= a\sin(180^\circ - \theta) \\
&= a\sin\theta
\end{aligned}
$$

$$
\mathrm{AB} = c
$$

なので，三平方の定理より得られる $\mathrm{AB}^2 = \mathrm{AH}^2 + \mathrm{BH}^2$ にこれらを代入して，式 (2.8) を用いると

$$
\begin{aligned}
c^2 &= (b - a\cos\theta)^2 + a^2\sin^2\theta \\
&= b^2 - 2ab\cos\theta + a^2\cos^2\theta + a^2\sin^2\theta \\
&= a^2 + b^2 - 2ab\cos\theta
\end{aligned}
$$

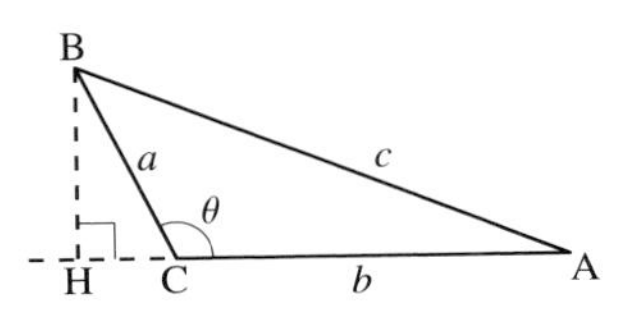

図 2.16 ■ $90^\circ < \theta < 180^\circ$ の場合

2.1.4 ベクトルの内積

■ 内積の図形的表現

2次元空間すなわち平面上のベクトルの**内積**について考えます.

2つのベクトル $\boldsymbol{p} = (x_{\mathrm{P}}, y_{\mathrm{P}})$ と $\boldsymbol{q} = (x_{\mathrm{Q}}, y_{\mathrm{Q}})$ の内積 $\boldsymbol{p} \cdot \boldsymbol{q}$ を

$$\boldsymbol{p} \cdot \boldsymbol{q} = \|\boldsymbol{p}\|\,\|\boldsymbol{q}\| \cos\theta \tag{2.11}$$

と定義します. ここで θ は $\boldsymbol{p}$ と $\boldsymbol{q}$ のなす角です $(0° \leq \theta \leq 180°)$.

■ 内積をベクトルの成分で表現

図 2.17 において, 前項で説明した余弦定理より

$$\|\boldsymbol{p} - \boldsymbol{q}\|^2 = \|\boldsymbol{p}\|^2 + \|\boldsymbol{q}\|^2 - 2\|\boldsymbol{p}\|\,\|\boldsymbol{q}\| \cos\theta$$

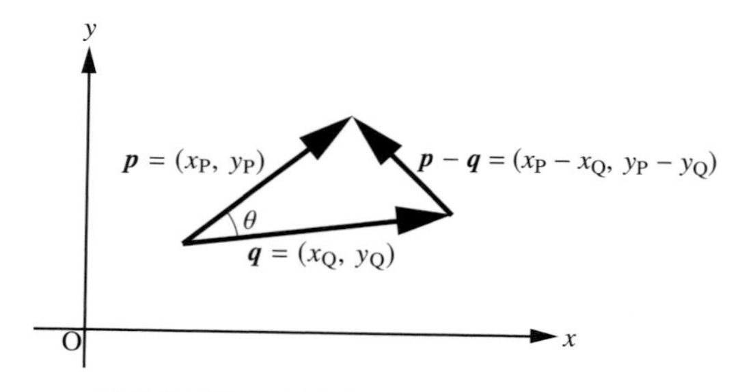

図 2.17 ■ xy 平面上のベクトルの成分表示

したがって,

$$\begin{aligned}
\boldsymbol{p} \cdot \boldsymbol{q} &= \|\boldsymbol{p}\|\,\|\boldsymbol{q}\| \cos\theta \\
&= \frac{1}{2}(\|\boldsymbol{p}\|^2 + \|\boldsymbol{q}\|^2 - \|\boldsymbol{p} - \boldsymbol{q}\|^2) \\
&= \frac{1}{2}\{(x_{\mathrm{P}}^2 + y_{\mathrm{P}}^2) + (x_{\mathrm{Q}}^2 + y_{\mathrm{Q}}^2) - (x_{\mathrm{P}} - x_{\mathrm{Q}})^2 - (y_{\mathrm{P}} - y_{\mathrm{Q}})^2\} \\
&= \frac{1}{2}\{x_{\mathrm{P}}^2 + y_{\mathrm{P}}^2 + x_{\mathrm{Q}}^2 + y_{\mathrm{Q}}^2 - (x_{\mathrm{P}}^2 - 2x_{\mathrm{P}}x_{\mathrm{Q}} + x_{\mathrm{Q}}^2) - (y_{\mathrm{P}}^2 - 2y_{\mathrm{P}}y_{\mathrm{Q}} + y_{\mathrm{Q}}^2)\} \\
&= x_{\mathrm{P}}x_{\mathrm{Q}} + y_{\mathrm{P}}y_{\mathrm{Q}}
\end{aligned}$$

つまり，ベクトルの内積は，成分どうしの積の和に等しくなります．

また，内積の成分表示は n 次元ベクトルに拡張することができます．

$$\boldsymbol{p} = (x_{P1}, x_{P2}, \cdots, x_{Pn}), \quad \boldsymbol{q} = (x_{Q1}, x_{Q2}, \cdots, x_{Qn})$$

とすると，内積 $\boldsymbol{p} \cdot \boldsymbol{q}$ は

$$\boldsymbol{p} \cdot \boldsymbol{q} = x_{P1}x_{Q1} + x_{P2}x_{Q2} + \cdots + x_{Pn}x_{Qn} \tag{2.12}$$

となります．このような内積の成分表示は，4.1 節で扱うカーネル法の理解に必要となります．

■ ベクトルの直交条件

さて，式 (2.11) に $\theta = 90°$ を入れることで，$\boldsymbol{p}(\neq \boldsymbol{0})$，$\boldsymbol{q}(\neq \boldsymbol{0})$ の直交条件

$$\boldsymbol{p} \cdot \boldsymbol{q} = 0$$

が求まります．

また，式 (2.11) で $\boldsymbol{q} = \boldsymbol{p}$ とすることで，

$$\boldsymbol{p} \cdot \boldsymbol{p} = \|\boldsymbol{p}\| \, \|\boldsymbol{p}\| \cos 0°$$

$$\therefore \quad \|\boldsymbol{p}\|^2 = \boldsymbol{p} \cdot \boldsymbol{p}$$

$$\therefore \quad \|\boldsymbol{p}\| = \sqrt{\boldsymbol{p} \cdot \boldsymbol{p}} \tag{2.13}$$

が得られます．つまり，ベクトルの大きさは，自分自身との内積をとってから正の平方根を考えると求められます．

2.1.5 点と直線の距離

■ ベクトル方程式の復習

前項で内積を導入したことで，ベクトルによる図形的考察がさらに進むことになります．既に，媒介変数表示による直線の表現は 2.1.2 項で説明しました．位置ベクトル $\boldsymbol{p} = (x_p, y_p)$ の点 P を通り，ベクトル $\boldsymbol{d}$ に平行な直線 l 上の点 R の位置ベクトル $\boldsymbol{r}$ は媒介変数 t を用いて，$\boldsymbol{r} = \boldsymbol{p} + t\boldsymbol{d}$ と表されるのでした（式 (2.3)，図 2.10）．

■ 点と直線の距離の導出

図 2.18 のように，位置ベクトル $\boldsymbol{q} = (x_{\mathrm{Q}}, y_{\mathrm{Q}})$ の点 Q から直線 l に引いた垂線の足 R の位置ベクトルを $\boldsymbol{r} = (x_{\mathrm{R}}, y_{\mathrm{R}})$ とすると，直線 l の**法線ベクトル**の一つ $\boldsymbol{n} = (a, b)$ を用いて，

$$\overrightarrow{\mathrm{QR}} = \boldsymbol{r} - \boldsymbol{q} = k\boldsymbol{n} \quad (k \text{ は実数}) \tag{2.14}$$

と書けます．ただし，直線の法線ベクトルとは，その直線に垂直なベクトルのことです．

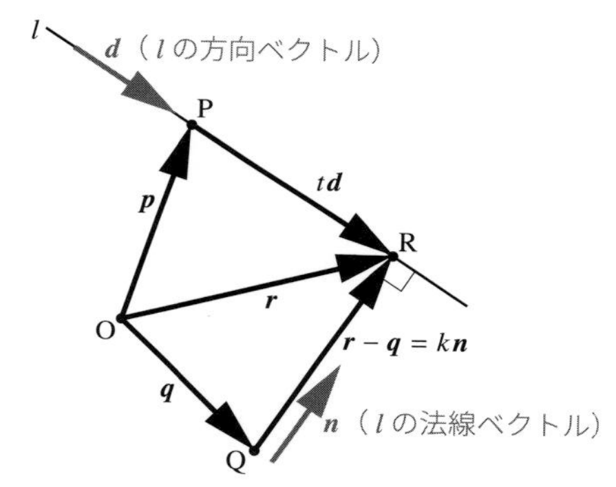

図 2.18 ■ 点 Q と直線 l との距離の導出

一方，点 R がこの直線上の点であることから

$$\boldsymbol{r} = \boldsymbol{p} + t\boldsymbol{d}$$

$$\therefore \quad \boldsymbol{r} - \boldsymbol{p} = t\boldsymbol{d} \tag{2.15}$$

式 (2.14) の両辺と $\boldsymbol{n}$ の内積をとると

$$\boldsymbol{n} \cdot \boldsymbol{r} - \boldsymbol{n} \cdot \boldsymbol{q} = k\boldsymbol{n} \cdot \boldsymbol{n} \tag{2.16}$$

式 (2.15) の両辺と $\boldsymbol{n}$ の内積をとると

$$\boldsymbol{n} \cdot \boldsymbol{r} - \boldsymbol{n} \cdot \boldsymbol{p} = t\boldsymbol{d} \cdot \boldsymbol{n} \tag{2.17}$$

ここで，図 2.18 からわかるように $\boldsymbol{d} \cdot \boldsymbol{n} = 0$ なので，式 (2.17) は，

$$\boldsymbol{n} \cdot \boldsymbol{r} - \boldsymbol{n} \cdot \boldsymbol{p} = 0 \tag{2.18}$$

と書け，式 (2.18) から式 (2.16) を引くと

$$\boldsymbol{n} \cdot \boldsymbol{q} - \boldsymbol{n} \cdot \boldsymbol{p} = -k\boldsymbol{n} \cdot \boldsymbol{n}$$

ここで，$\boldsymbol{n} \cdot \boldsymbol{p}$ は定数ゆえ $\boldsymbol{n} \cdot \boldsymbol{p} = -c$ とおくと，

$$\boldsymbol{n} \cdot \boldsymbol{q} + c = -k\boldsymbol{n} \cdot \boldsymbol{n}$$
$$\therefore \quad k = \frac{\boldsymbol{n} \cdot \boldsymbol{q} + c}{-\boldsymbol{n} \cdot \boldsymbol{n}}$$

式 (2.14) から点 $\mathrm{Q}(x_\mathrm{Q}, y_\mathrm{Q})$ と直線 l の距離 $D = \|\overrightarrow{\mathrm{QR}}\|$ は，この k を用いて次のように求められます．

$$\begin{aligned} D &= \|\overrightarrow{\mathrm{QR}}\| \\ &= \sqrt{k\boldsymbol{n} \cdot k\boldsymbol{n}} = |k| \sqrt{\boldsymbol{n} \cdot \boldsymbol{n}} \\ &= \left| \frac{\boldsymbol{n} \cdot \boldsymbol{q} + c}{-\boldsymbol{n} \cdot \boldsymbol{n}} \right| \sqrt{\boldsymbol{n} \cdot \boldsymbol{n}} = \frac{|\boldsymbol{n} \cdot \boldsymbol{q} + c|}{\sqrt{n \cdot n}} \\ &= \frac{|ax_\mathrm{Q} + by_\mathrm{Q} + c|}{\sqrt{a^2 + b^2}} \end{aligned}$$

一方，式 (2.18) に $\boldsymbol{n} = (a, b)$，$\boldsymbol{r} = (x_\mathrm{R}, y_\mathrm{R})$，$\boldsymbol{n} \cdot \boldsymbol{p} = -c$ を入れると，

$$ax_\mathrm{R} + by_\mathrm{R} + c = 0$$

となるので，直線 l の方程式は，$(x_\mathrm{R}, y_\mathrm{R})$ を (x, y) と置き換えて，次のように表されます．

$$ax + by + c = 0 \tag{2.19}$$

以上から，点 $\mathrm{Q}(x_\mathrm{Q}, y_\mathrm{Q})$ と直線 l : $ax + by + c = 0$ の距離は

$$D = \frac{|ax_\mathrm{Q} + by_\mathrm{Q} + c|}{\sqrt{a^2 + b^2}} \tag{2.20}$$

となることがわかります．

2.1.6 Python でベクトル

サポートベクトルマシンの理論や応用では，数学的にはベクトルや行列の演算が中心となります．そこで本章では，ベクトルや行列を扱う節などで，

Pythonによるコードの書き方を解説しています．パソコンでコードを書き，動かしてみることで，より理解を深めることができるでしょう．なお，Pythonの基本事項は付録に掲載していますので，必要に応じて参照してください．

■ リストでベクトルを表す

Pythonでベクトルを表すときは，成分表示を使います．ここで紹介する「リスト」は，Pythonで数の組合せをまとめて1つの変数で表す方法の一つです．リストは，次の**コード2.1**のように，数の組合せをブラケット[ ]で囲んで表します．

コード2.1 ■ リストでベクトルを表す（その1）

```
1: a = [1, 2, 3]
2: b = [4, 5, 6]
3: c = [7, 8, 9, 10]
```

また，次の**コード2.2**のように，ベクトルの成分は，数だけでなく，`'apple'`のような文字列型や，`True`，`False`のようなboolean型の変数（真偽値ともいいます）も要素として入れることができますし，データ型の混在も可能です．このようにデータ型の混在が可能であることは，機械学習で特徴量のセットをベクトル化するときなどに非常に便利です．

コード2.2 ■ リストでベクトルを表す（その2）

```
1: d = ['apple', 150, 'lemon', 180]
2: e = [True, False, True, True]
```

リストの要素は**コード2.3**のようにして取り出します．Pythonでは，順番を数えるときのスタートは0ですので，`a[0]`はリストaの1番目（最も左）の要素を示します．また，`a[1:3]`はリストaの左から2番目〜3番目の要素をリストの形で切り出します（これをスライスといいます）．「4番目まで」ではないので注意してください[3)]．

3） このあたりは，Pythonに慣れるまでは苦労するかもしれません．

コード 2.3 ■ リストの要素を取り出す

```
1: a = [1,2,3,4,5,6]
2: print(a[0])
3: print(a[1:3])
```

```
1
[2,3]
```

機械学習モデルで，出力した予測値を次々とリストに追加していくような場合に，append メソッドは有用です．次の**コード 2.4** は，ベクトルに要素を追加するものです．

コード 2.4 ■ リストの要素を追加

```
1: a = [1,2,3]
2: a.append(4)
3: print(a)
```

```
[1,2,3,4]
```

データセットを扱ううえでいろいろと便利なリストですが，ベクトルとして使うには致命的な問題があります．それは，リストどうしの和や定数倍がベクトルの和や定数倍と違う結果になってしまうことです．**コード 2.5** を見るとわかるように，リストはベクトル演算には使えないですね．

コード 2.5 ■ リストどうしの和や定数倍は？

```
1: a = [1,2,3]
2: b = [4,5,6]
3: c = [7,8,9,10]
4: d = ['apple',150,'lemon',180]
5: print(a+b+c)
6: print(a+d)
7: print(3*a)
8: print(3*d)
```

```
[1, 2, 3, 4, 5, 6, 7, 8, 9, 10]
[1, 2, 3, 'apple', 150, 'lemon', 180]
[1, 2, 3, 1, 2, 3, 1, 2, 3]
['apple', 150, 'lemon', 180, 'apple', 150, 'lemon', 180,
'apple', 150, 'lemon', 180]
```

積はどうかと，print(a*b) を実行するとエラーになります．内積はライブラリを使って，**コード 2.6** のようにやれば何とかなりますが，コードの長期利用などを考えると，メジャーなライブラリを使えば安全なコーディングができそうです．そこで登場するのが NumPy というライブラリです．

コード 2.6 リストどうしの内積？

```
1: import more_itertools as mit
2: a = [1,2,3]
3: b = [4,5,6]
4: print(mit.dotproduct(a,b))
```

```
32
```

■ NumPy 配列でベクトル

NumPy は，さまざまな数値計算に対応した Python のライブラリです．

NumPy を使うにはまず import numpy as np のように import が必要です．そして，a = np.array([1,2,3]) のようにリストを渡してやると，これをベクトルとして扱ってくれます．**コード 2.7** のように，ベクトルの成分抽出，和や差，定数倍は問題なくできます．

コード 2.7 NumPy 配列の成分抽出でベクトルの和，差，定数倍を計算

```
1: import numpy as np
2: a = np.array([1,2,3])
3: b = np.array([4,5,6])
4: print(a[0])
5: print(a + b)
```

```
6: print(b - a)
7: print(3 * a)
```

```
1
[5 7 9]
[3 3 3]
[3 6 9]
```

ベクトルの大きさ（L2 ノルム）は `linalg.norm` というメソッドを使って，**コード 2.8** のように書くことができます．

コード 2.8 ■ NumPy でベクトルの大きさを計算

```
1: import numpy as np
2: a = np.array([1,2])
3: b = np.array([2,3])
4: print(np.linalg.norm(a))
5: print(np.linalg.norm(b))
6: print(np.linalg.norm(b - a))
```

```
2.23606797749979
3.605551275463989
1.4142135623730951
```

三平方の定理から正解は $\sqrt{5}$，$\sqrt{13}$，$\sqrt{2}$ なので合っています．

この調子でベクトルどうしの積をやってみると，**コード 2.9** のように成分ごとに積が計算されてしまうので，内積にするには `print(sum(a * b))` としてやる必要があります．

コード 2.9 ■ NumPy 配列どうしの積でベクトルの内積を計算

```
1: import numpy as np
2: a = np.array([1,2,3])
3: b = np.array([4,5,6])
4: print(a * b)
5: print(sum(a * b))
```

```
[4 10 18]
32
```

ただし，**コード 2.10** のように NumPy にはメソッド matmul が用意されていて，名前のとおり行列（matrix）の積（multiple）を計算するメソッドですが，ベクトルどうしでは内積が計算されます．なお，演算子@やメソッド dot でも内積は計算できますが，本書では例えば n 次元ベクトルを $n \times 1$ 行列として計算することもあり，後々の応用を考え matmul を使っていくことをお勧めします．

コード 2.10 ■ NumPy 配列どうしの内積でベクトルの内積を計算（matmul 使用）

```
1: import numpy as np
2: a = np.array([1,2,3])
3: b = np.array([4,5,6])
4: print(np.matmul(a,b))
```

```
32
```

2.2 行列

2.2.1 行列とは何か

数字を格子状に並べたものを**行列**といいます．例えば，

$$A = \begin{pmatrix} 2 & 1 \\ 3 & 4 \end{pmatrix}$$

$$B = \begin{pmatrix} -2 & 1 \\ 3 & -4 \end{pmatrix}$$

$$C = \begin{pmatrix} 5 & x \\ 5x & 3 \\ 4 & 0 \end{pmatrix}$$

は行列です（上記のように，本書では行列を表す記号を太字の大文字で表すものとします）．その形状から $\boldsymbol{A}$ と $\boldsymbol{B}$ は 2 行 2 列の行列ということで 2×2 行列，$\boldsymbol{C}$ は 3 行 2 列の行列ということで 3×2 行列といいます．なお，「行」は横方向の並び，「列」は縦方向の並びを指します．また，行数と列数が等しい行列を正方行列といいます．さらに，行列において格子状に並んでいる数を成分または要素といいます．

2.2.2 行列の演算

行列には和・差と積が定義されます．

行列どうしの和・差は，同じ成分どうしの和・差をとります．そのため，行列の和・差は同じ形の行列どうしでのみ定義されます．

例 2.1

$$\boldsymbol{A} = \begin{pmatrix} 2 & 1 \\ 3 & 4 \end{pmatrix}, \quad \boldsymbol{B} = \begin{pmatrix} -2 & 1 \\ 3 & -4 \end{pmatrix}$$

のとき,

$$\boldsymbol{A} + \boldsymbol{B} = \begin{pmatrix} 2 & 1 \\ 3 & 4 \end{pmatrix} + \begin{pmatrix} -2 & 1 \\ 3 & -4 \end{pmatrix} = \begin{pmatrix} 2 + (-2) & 1 + 1 \\ 3 + 3 & 4 + (-4) \end{pmatrix}$$
$$= \begin{pmatrix} 0 & 2 \\ 6 & 0 \end{pmatrix}$$

$$\boldsymbol{A} - \boldsymbol{B} = \begin{pmatrix} 2 & 1 \\ 3 & 4 \end{pmatrix} - \begin{pmatrix} -2 & 1 \\ 3 & -4 \end{pmatrix} = \begin{pmatrix} 2 - (-2) & 1 - 1 \\ 3 - 3 & 4 - (-4) \end{pmatrix}$$
$$= \begin{pmatrix} 4 & 0 \\ 0 & 8 \end{pmatrix}$$

スカラーと行列の積は，スカラーを行列の各成分にかけます.

例 2.2

$$\boldsymbol{A} = \begin{pmatrix} 2 & 1 \\ 3 & 4 \end{pmatrix}$$

のとき,

$$3\boldsymbol{A} = 3\begin{pmatrix} 2 & 1 \\ 3 & 4 \end{pmatrix} = \begin{pmatrix} 3 \cdot 2 & 3 \cdot 1 \\ 3 \cdot 3 & 3 \cdot 4 \end{pmatrix} = \begin{pmatrix} 6 & 3 \\ 9 & 12 \end{pmatrix}$$

行列どうしの積は，次のような計算規則に従って実行します.

$$\boldsymbol{X} = \begin{pmatrix} x_{11} & x_{12} \\ x_{21} & x_{22} \end{pmatrix}, \quad \boldsymbol{Y} = \begin{pmatrix} y_{11} & y_{12} \\ y_{21} & y_{22} \end{pmatrix}$$

のとき，**図 2.19** のように計算することで，積 $\boldsymbol{XY}$ は次のようになります．

$$\begin{aligned}\boldsymbol{XY} &= \begin{pmatrix} x_{11} & x_{12} \\ x_{21} & x_{22} \end{pmatrix}\begin{pmatrix} y_{11} & y_{12} \\ y_{21} & y_{22} \end{pmatrix} \\ &= \begin{pmatrix} x_{11}y_{11} + x_{12}y_{21} & x_{11}y_{12} + x_{12}y_{22} \\ x_{21}y_{11} + x_{22}y_{21} & x_{21}y_{12} + x_{22}y_{22} \end{pmatrix}\end{aligned}$$

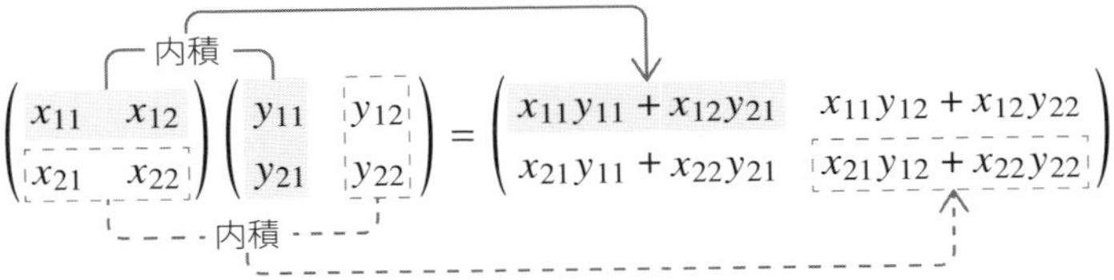

$$\begin{pmatrix} x_{11} & x_{12} \\ x_{21} & x_{22} \end{pmatrix}\begin{pmatrix} y_{11} & y_{12} \\ y_{21} & y_{22} \end{pmatrix} = \begin{pmatrix} x_{11}y_{11} + x_{12}y_{21} & x_{11}y_{12} + x_{12}y_{22} \\ x_{21}y_{11} + x_{22}y_{21} & x_{21}y_{12} + x_{22}y_{22} \end{pmatrix}$$

図 2.19 ■ 2 × 2 行列どうしの積

なお，（普通の）数の積と異なり，行列の積は交換則が成り立ちません．実際，

$$\begin{aligned}\boldsymbol{YX} &= \begin{pmatrix} y_{11} & y_{12} \\ y_{21} & y_{22} \end{pmatrix}\begin{pmatrix} x_{11} & x_{12} \\ x_{21} & x_{22} \end{pmatrix} \\ &= \begin{pmatrix} y_{11}x_{11} + y_{12}x_{21} & y_{11}x_{12} + y_{12}x_{22} \\ y_{21}x_{11} + y_{22}x_{21} & y_{21}x_{12} + y_{22}x_{22} \end{pmatrix}\end{aligned}$$

となり，一般に $\boldsymbol{XY} \neq \boldsymbol{YX}$ であることがわかります．

上は 2×2 行列どうしの積でしたが，一般に，$i \times j$ 行列と $j \times k$ 行列の積は $i \times k$ 行列になります．$\boldsymbol{X}$ の i 行を行ベクトルとみなし，$\boldsymbol{Y}$ の j 列を列ベクトルとみなすと（次項参照），この行ベクトルと列ベクトルの内積が $\boldsymbol{XY}$ の i 行 j 列の成分となります（**図 2.20**）．このため，行列の積は $\boldsymbol{X}$ の列数と $\boldsymbol{Y}$ の行数が等しい行列でのみ定義されます．

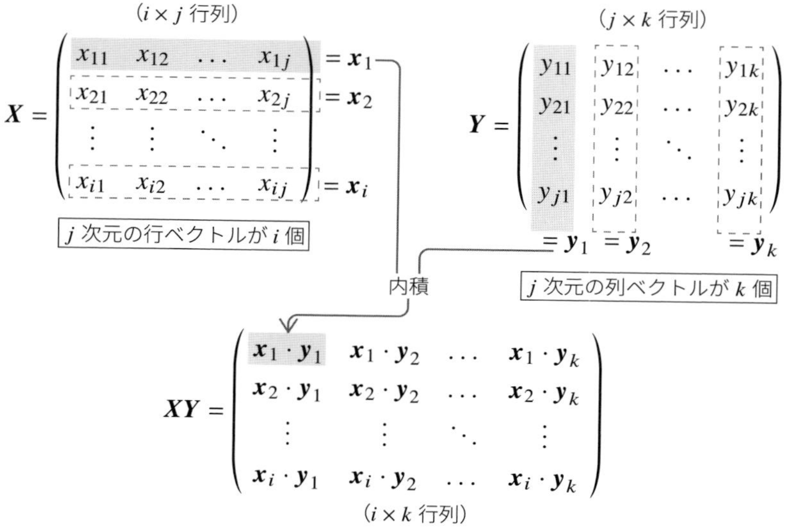

$(i \times j$ 行列$)$

$$\boldsymbol{X} = \begin{pmatrix} x_{11} & x_{12} & \ldots & x_{1j} \\ x_{21} & x_{22} & \ldots & x_{2j} \\ \vdots & \vdots & \ddots & \vdots \\ x_{i1} & x_{i2} & \ldots & x_{ij} \end{pmatrix} \begin{matrix} = \boldsymbol{x}_1 \\ = \boldsymbol{x}_2 \\ \\ = \boldsymbol{x}_i \end{matrix}$$

j 次元の行ベクトルが i 個

$(j \times k$ 行列$)$

$$\boldsymbol{Y} = \begin{pmatrix} y_{11} & y_{12} & \ldots & y_{1k} \\ y_{21} & y_{22} & \ldots & y_{2k} \\ \vdots & \vdots & \ddots & \vdots \\ y_{j1} & y_{j2} & \ldots & y_{jk} \end{pmatrix}$$

$= \boldsymbol{y}_1 \quad = \boldsymbol{y}_2 \quad\quad = \boldsymbol{y}_k$

j 次元の列ベクトルが k 個

内積

$$\boldsymbol{XY} = \begin{pmatrix} \boldsymbol{x}_1 \cdot \boldsymbol{y}_1 & \boldsymbol{x}_1 \cdot \boldsymbol{y}_2 & \ldots & \boldsymbol{x}_1 \cdot \boldsymbol{y}_k \\ \boldsymbol{x}_2 \cdot \boldsymbol{y}_1 & \boldsymbol{x}_2 \cdot \boldsymbol{y}_2 & \ldots & \boldsymbol{x}_2 \cdot \boldsymbol{y}_k \\ \vdots & \vdots & \ddots & \vdots \\ \boldsymbol{x}_i \cdot \boldsymbol{y}_1 & \boldsymbol{x}_i \cdot \boldsymbol{y}_2 & \ldots & \boldsymbol{x}_i \cdot \boldsymbol{y}_k \end{pmatrix}$$

$(i \times k$ 行列$)$

図 2.20 ■ $i \times j$ 行列と $j \times k$ 行列の積

例 2.3

$$\boldsymbol{A} = \begin{pmatrix} 2 & 1 \\ 3 & 4 \end{pmatrix}, \quad \boldsymbol{B} = \begin{pmatrix} -2 & 1 \\ 3 & -4 \end{pmatrix}, \quad \boldsymbol{C} = \begin{pmatrix} 5 & x \\ 5x & 3 \\ 4 & 0 \end{pmatrix}$$

のとき,

$$\begin{aligned} \boldsymbol{AB} &= \begin{pmatrix} 2 & 1 \\ 3 & 4 \end{pmatrix} \begin{pmatrix} -2 & 1 \\ 3 & -4 \end{pmatrix} \\ &= \begin{pmatrix} 2 \cdot (-2) + 1 \cdot 3 & 2 \cdot 1 + 1 \cdot (-4) \\ 3 \cdot (-2) + 4 \cdot 3 & 3 \cdot 1 + 4 \cdot (-4) \end{pmatrix} \\ &= \begin{pmatrix} -1 & -2 \\ 6 & -13 \end{pmatrix} \end{aligned}$$

$$\boldsymbol{CA} = \begin{pmatrix} 5 & x \\ 5x & 3 \\ 4 & 0 \end{pmatrix}\begin{pmatrix} 2 & 1 \\ 3 & 4 \end{pmatrix} = \begin{pmatrix} 5\cdot 2 + x\cdot 3 & 5\cdot 1 + x\cdot 4 \\ 5x\cdot 2 + 3\cdot 3 & 5x\cdot 1 + 3\cdot 4 \\ 4\cdot 2 + 0\cdot 3 & 4\cdot 1 + 0\cdot 4 \end{pmatrix}$$

$$= \begin{pmatrix} 3x+10 & 4x+5 \\ 10x+9 & 5x+12 \\ 8 & 4 \end{pmatrix}$$

$$\boldsymbol{CAB} = \begin{pmatrix} 5 & x \\ 5x & 3 \\ 4 & 0 \end{pmatrix}\begin{pmatrix} 2 & 1 \\ 3 & 4 \end{pmatrix}\begin{pmatrix} -2 & 1 \\ 3 & -4 \end{pmatrix}$$

$$= \begin{pmatrix} 3x+10 & 4x+5 \\ 10x+9 & 5x+12 \\ 8 & 4 \end{pmatrix}\begin{pmatrix} -2 & 1 \\ 3 & -4 \end{pmatrix}$$

$$= \begin{pmatrix} 6x-5 & -13x-10 \\ -5x+18 & -10x-39 \\ -4 & -8 \end{pmatrix}$$

なお，例 2.3 の $\boldsymbol{CAB}$ の計算では，$\boldsymbol{CA}$ を計算してから，$\boldsymbol{CA}$ と $\boldsymbol{B}$ の積を計算（つまり，$(\boldsymbol{CA})\boldsymbol{B}$ を計算）しましたが，

$$\boldsymbol{AB} = \begin{pmatrix} -1 & -2 \\ 6 & -13 \end{pmatrix}$$

$$\boldsymbol{C}(\boldsymbol{AB}) = \begin{pmatrix} 5 & x \\ 5x & 3 \\ 4 & 0 \end{pmatrix}\begin{pmatrix} -1 & -2 \\ 6 & -13 \end{pmatrix} = \begin{pmatrix} 6x-5 & -13x-10 \\ -5x+18 & -10x-39 \\ -4 & -8 \end{pmatrix}$$

であることから，次のように積の結合則

$$(\boldsymbol{CA})\boldsymbol{B} = \boldsymbol{C}(\boldsymbol{AB}) \tag{2.21}$$

が成り立ちそうです．実際，行列の積においては，このような結合則が成り立つことが知られています．

2.2.3　転置行列

行列 $\boldsymbol{A}$ の行と列を入れ替えた行列を**転置行列**といい，$\boldsymbol{A}^\top$ と表記します[4)].

例 2.4

$$\boldsymbol{A} = \begin{pmatrix} 1 & 2 \\ 3 & 4 \end{pmatrix}$$

のとき，$\boldsymbol{A}$ の転置行列は $\boldsymbol{A}^\top$ は,

$$\boldsymbol{A}^\top = \begin{pmatrix} 1 & 3 \\ 2 & 4 \end{pmatrix}$$

また，前節まではベクトルを

$$\boldsymbol{p} = (x_\mathrm{P}, y_\mathrm{P})$$

のように書いてきましたが（この形を**行ベクトル**といい，1×2 行列に相当します），これ以降は,

$$\boldsymbol{p} = \begin{pmatrix} x_\mathrm{P} \\ y_\mathrm{P} \end{pmatrix}$$

と書くことにします（この形を**列ベクトル**といい，2×1 行列に相当します).
さらに，これまでの行ベクトルの表記 $(x_\mathrm{P}, y_\mathrm{P})$ は

$$\boldsymbol{p}^\top = (x_\mathrm{P}, y_\mathrm{P})$$

と転置行列として表記することにします．したがって

4）なお，転置行列の表記の仕方は，${}^t\boldsymbol{A}, \boldsymbol{A}^{tr}, \boldsymbol{A}'$ などさまざまあります．

$$\boldsymbol{p} = \begin{pmatrix} x_{\mathrm{P}} \\ y_{\mathrm{P}} \end{pmatrix}$$

$$\boldsymbol{q} = \begin{pmatrix} x_{\mathrm{Q}} \\ y_{\mathrm{Q}} \end{pmatrix}$$

の内積は，$\boldsymbol{p} \cdot \boldsymbol{q}$ と書く代わりに，$\boldsymbol{p}^\top \boldsymbol{q}$ と書くことにします．成分を使って内積の計算をするときは，次のように行列の計算と同じように考えます．

$$\boldsymbol{p}^\top \boldsymbol{q} = \begin{pmatrix} x_{\mathrm{P}} \\ y_{\mathrm{P}} \end{pmatrix}^\top \begin{pmatrix} x_{\mathrm{Q}} \\ y_{\mathrm{Q}} \end{pmatrix} = (x_{\mathrm{P}}, y_{\mathrm{P}}) \begin{pmatrix} x_{\mathrm{Q}} \\ y_{\mathrm{Q}} \end{pmatrix} = x_{\mathrm{P}} x_{\mathrm{Q}} + y_{\mathrm{P}} y_{\mathrm{Q}} \tag{2.22}$$

また，行列の積の転置行列については次のような関係が成り立ちます．

$$(\boldsymbol{A}\boldsymbol{B})^\top = \boldsymbol{B}^\top \boldsymbol{A}^\top \tag{2.23}$$

2×2 行列どうしの場合について式 (2.23) を確かめてみます．

$$\boldsymbol{A} = \begin{pmatrix} a_{11} & a_{12} \\ a_{21} & a_{22} \end{pmatrix}, \quad \boldsymbol{B} = \begin{pmatrix} b_{11} & b_{12} \\ b_{21} & b_{22} \end{pmatrix}$$

とすると，

$$\begin{aligned} (\boldsymbol{A}\boldsymbol{B})^\top &= \begin{pmatrix} a_{11}b_{11} + a_{12}b_{21} & a_{11}b_{12} + a_{12}b_{22} \\ a_{21}b_{11} + a_{22}b_{21} & a_{21}b_{12} + a_{22}b_{22} \end{pmatrix}^\top \\ &= \begin{pmatrix} a_{11}b_{11} + a_{12}b_{21} & a_{21}b_{11} + a_{22}b_{21} \\ a_{11}b_{12} + a_{12}b_{22} & a_{21}b_{12} + a_{22}b_{22} \end{pmatrix} \end{aligned} \tag{2.24}$$

$$\begin{aligned} \boldsymbol{B}^\top \boldsymbol{A}^\top &= \begin{pmatrix} b_{11} & b_{21} \\ b_{12} & b_{22} \end{pmatrix} \begin{pmatrix} a_{11} & a_{21} \\ a_{12} & a_{22} \end{pmatrix} \\ &= \begin{pmatrix} a_{11}b_{11} + a_{12}b_{21} & a_{21}b_{11} + a_{22}b_{21} \\ a_{11}b_{12} + a_{12}b_{22} & a_{21}b_{12} + a_{22}b_{22} \end{pmatrix} \end{aligned} \tag{2.25}$$

となるので，確かに式 (2.23) は成り立ちます．

2.2.4 半正定値行列

任意の n 次元ベクトル $\boldsymbol{z}$ について，

$$\boldsymbol{z}^\top \boldsymbol{A}\boldsymbol{z} \geq 0 \tag{2.26}$$

を満たす $n \times n$ 行列 $\boldsymbol{A}$ を，**半正定値行列**といいます．

例 2.5

$$\boldsymbol{A} = \begin{pmatrix} 1 & 1 \\ 1 & 1 \end{pmatrix}$$

は半正定値行列である．なぜなら，任意のベクトル

$$\boldsymbol{z} = \begin{pmatrix} x \\ y \end{pmatrix}$$

に対して，

$$\begin{aligned}
\boldsymbol{z}^\top \boldsymbol{A}\boldsymbol{z} &= (x, y)\begin{pmatrix} 1 & 1 \\ 1 & 1 \end{pmatrix}\begin{pmatrix} x \\ y \end{pmatrix} = (x+y, x+y)\begin{pmatrix} x \\ y \end{pmatrix} \\
&= x(x+y) + y(x+y) \\
&= x^2 + 2xy + y^2 \\
&= (x+y)^2 \geq 0
\end{aligned}$$

となるからである．

また，$n \times n$ 行列 $\boldsymbol{A}$ の転置行列 $\boldsymbol{A}^\top$ と $\boldsymbol{A}$ の積 $\boldsymbol{A}^\top\boldsymbol{A}$ は，任意の n 次元ベクトル $\boldsymbol{z}$ について，

$$\boldsymbol{z}^\top \boldsymbol{A}^\top \boldsymbol{A}\boldsymbol{z} = (\boldsymbol{A}\boldsymbol{z})^\top(\boldsymbol{A}\boldsymbol{z}) = \|\boldsymbol{A}\boldsymbol{z}\|^2 \geq 0 \tag{2.27}$$

となるので半正定値行列です．ただし，ここでは，行列の結合則（どの積から計算してもよいこと）を用い，また，任意の行列 $\boldsymbol{A} = \begin{pmatrix} a & b \\ c & d \end{pmatrix}$ と任意のベク

トル $\boldsymbol{z} = \begin{pmatrix} x \\ y \end{pmatrix}$ について

$$\boldsymbol{A}\boldsymbol{z} = \begin{pmatrix} a & b \\ c & d \end{pmatrix}\begin{pmatrix} x \\ y \end{pmatrix} = \begin{pmatrix} ax + by \\ cx + dy \end{pmatrix}$$

のように $\boldsymbol{Az}$ はベクトルであることより，$(\boldsymbol{Az})^\top \boldsymbol{Az}$ はベクトル $\boldsymbol{Az}$ の大きさ（L2 ノルム）の 2 乗 $\|\boldsymbol{Az}\|^2$ になることに注意してください．

例 2.6

$$\boldsymbol{A} = \begin{pmatrix} 1 & 2 \\ 3 & 4 \end{pmatrix}, \quad \boldsymbol{z} = \begin{pmatrix} x \\ y \end{pmatrix}$$

とすると，

$$\boldsymbol{Az} = \begin{pmatrix} 1 & 2 \\ 3 & 4 \end{pmatrix}\begin{pmatrix} x \\ y \end{pmatrix} = \begin{pmatrix} x + 2y \\ 3x + 4y \end{pmatrix}$$

$$\begin{aligned} \therefore \quad \boldsymbol{z}^\top \boldsymbol{A}^\top \boldsymbol{Az} &= (\boldsymbol{Az})^\top (\boldsymbol{Az}) \\ &= (x + 2y)^2 + (3x + 4y)^2 \geq 0 \end{aligned}$$

となるので，$\boldsymbol{A}^\top \boldsymbol{A}$ は半正定値行列である．

2.2.5 Python で行列

ベクトルを表すのに使った NumPy 配列で，行列を表すことができます．

行列どうしを演算子*でつなぐと，要素どうしの積になってしまいます．行列の積を求めたいときには，メソッド matmul を使います．

コード 2.11 ■ NumPy 配列で行列の積

```
1: import numpy as np
2: a = np.array([[2,1], [3,4]])
3: b = np.array([[-2,1], [3,-4]])
```

```
4: print(3 * a) # 行列の定数倍
5: print(a * b) # 要素ごとの積
6: print(np.matmul(a,b)) # 積
```

```
[[ 6  3]
 [ 9 12]]
[[ -4   1]
 [  9 -16]]
[[ -1  -2]
 [  6 -13]]
```

2.3 関数

2.3.1 関数とは何か

数学の「**関数**」はもともと，「函数」と書きました．いま，**図 2.21** のように 1 つの函（はこ）があります．この函は，2 を入れると 4 を出し，3 を入れると 9 を出す性質があります．実は，この函は入れた数（引数という）を 2 乗する函なのです．

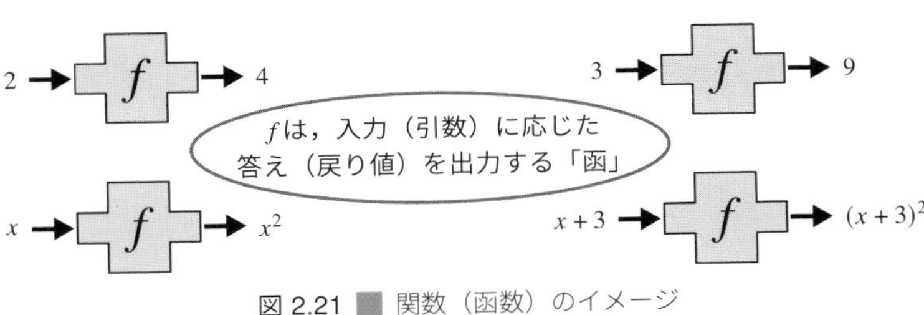

図 2.21 ■ 関数（函数）のイメージ

この函にいま f という名前を付けました（関数名といいます）．そして f という文字に続けて ( ) の中には関数 f に投入する数を入れてやります．数を投入すると関数から出てくる値を関数の値（関数値）といい，上の例では

$$f(2) = 4$$

$$f(3) = 9$$

のように書きます．また，関数に投入するのは文字式でもよく，この関数の場合ですと，例えば

$$f(x) = x^2$$

$$f(x+3) = (x+3)^2$$

となります．投入する数のことを引数（ひきすう）あるいは独立変数といいます．

このような関数の振舞いは，ちょうど Python の関数で引数を与えると，答えが戻り値として出てくるのと同じです．なお，いま関数名は f としましたが，f でなくても，g や h のような別の記号や，f_1 や f_n のように番号等を添えてもかまいません．

2.3.2 指数関数

■ 指数関数とは何か

ある正の数 a の x（引数）乗，すなわち $f(x) = a^x$ という関数を，a を底（てい）とする**指数関数**といいます．ただし底には，$a > 0$ かつ $a \neq 1$ という条件が付きます．

例えば $a = 2$ とすると，

$$f(1) = 2^1 = 2, \quad f(2) = 2^2 = 4, \quad f(3) = 2^3 = 8$$

となります．

また，指数関数には次のような性質（指数法則）があります．

$$a^{-x} = \frac{1}{a^x} \tag{2.28}$$

$$a^{x+y} = a^x \cdot a^y \tag{2.29}$$

$$(a^x)^y = (a^y)^x = a^{xy} \tag{2.30}$$

$$(ab)^x = a^x b^x \tag{2.31}$$

これらの性質を使うと，x は正の整数である必要もなくて，

$$f(-2) = 2^{-2} = \frac{1}{2^2} = \frac{1}{4}$$

のように x が負の整数でも指数関数は定義できます．また，式 (2.29) より

$$f(2)f(-2) = 2^2 \cdot 2^{-2} = 2^{2-2} = 2^0$$

ですが，一方これまでの計算より

$$f(2)f(-2) = 4 \cdot \frac{1}{4} = 1$$

ですから，$2^0 = 1$ がわかります．一般に，正の数の 0 乗は 1 であり，式 (2.28)

と (2.29) を用いることで，$x = 0$ でも指数関数は定義できます．

さらに，x は整数である必要もなくて，例えば形式的に $x = \dfrac{1}{2}$ を代入すると

$$f\left(\frac{1}{2}\right) = 2^{\frac{1}{2}}$$

ですが，

$$\left\{f\left(\frac{1}{2}\right)\right\}^2 = \left(2^{\frac{1}{2}}\right)^2 = 2^{\frac{1}{2}\cdot 2} = 2^1 = 2$$

であることから，$2^{\frac{1}{2}}$ は 2 乗すると 2 になる正の数，つまり中学の数学で学ぶ 2 の（正の）平方根なので，

$$f\left(\frac{1}{2}\right) = 2^{\frac{1}{2}} = \sqrt{2}$$

となります．

■ e を底とする指数関数

ネイピア数と呼ばれる特別な数（無限小数）$e = 2.71828\cdots$ を底とする指数関数

$$f(x) = e^x \tag{2.32}$$

は，微分（2.4 節参照）をしても同じ関数，つまり

$$\frac{de^x}{dx} = e^x \tag{2.33}$$

という便利な性質があるので，いろいろな分野で利用されています．

ところで，e の定義はいくつかありますが，そのうちの一つは次のようなものです．

$$e = \lim_{h\to 0}(1 + h)^{\frac{1}{h}} \tag{2.34}$$

式 (2.34) で出てきた $\lim\limits_{h\to 0}$(数式) は，h を限りなく 0 に近づけたときに，（数式）の値が限りなく近づいていく値を表します．また，式 (2.34) は，式 (2.33) を導くために用いることができますが，これについては割愛します（高校レベル以上の数学の参考書で確認できます）．

なお，e^x は $\exp(x)$ と表記することもあります．

■ 指数関数のグラフ

指数関数 $f(x) = e^x$ と $f(x) = e^{-x}$ のグラフは，**図 2.22** のようになります．

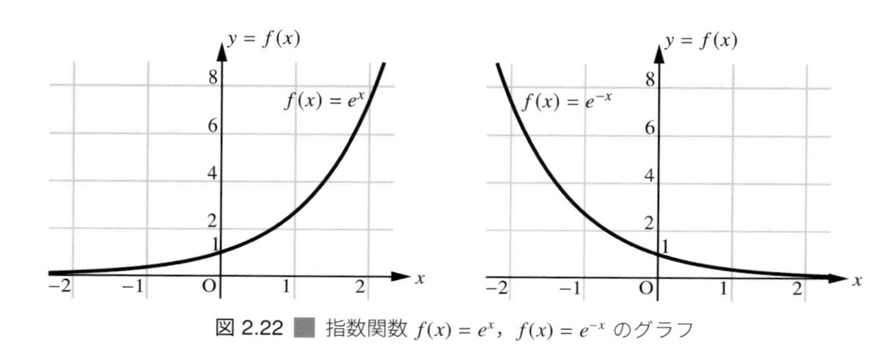

図 2.22 ■ 指数関数 $f(x) = e^x$，$f(x) = e^{-x}$ のグラフ

2.3.3 対数関数

■ 対数関数とは何か

x は a の何乗かを示す数を，「a を底とする x の**対数**」と呼び，

$$\log_a x$$

と書きます．このときの x を真数といいます．底には $a > 0$ かつ $a \neq 1$，真数には $x > 0$ という条件が付きます．例えば，$2^3 = 8$ より，$3 = \log_2 8$（8 は 2 を 3 乗した数）です．

これを x の関数として，例えば，$a = 10$ として

$$f(x) = \log_{10} x \tag{2.35}$$

という 10 を底とする対数関数を考えると，この関数の値は，

$$f(10) = \log_{10} 10 = 1$$
$$f(100) = \log_{10} 100 = 2$$
$$f(1000) = \log_{10} 1000 = 3$$

となり，$10 = 10^1$，$100 = 10^2$，$1000 = 10^3$ のように，10 の右肩に付いた数（指数）となります．

実は，対数関数は指数関数の逆関数となっています．逆関数というのは，$f(x) = a^x$ の $f(x)$ と x を入れ替えてできる関数なので $x = a^{f(x)}$ となりますが，この $f(x)$ を，

$$f(x) = \log_a x \tag{2.36}$$

と書いたということになります．

対数関数には次のような性質があります（ただし，a と b は底の条件を，x と y は真数の条件を満たすものとします）．

$$\log_a x + \log_a y = \log_a xy \tag{2.37}$$
$$\log_a x - \log_a y = \log_a \frac{x}{y} \tag{2.38}$$
$$\log_a x^p = p \cdot \log_a x \tag{2.39}$$
$$\log_a x = \frac{\log_b x}{\log_b a} \quad \text{（底の変換公式）} \tag{2.40}$$

特にネイピア数 $e(= 2.71828\cdots)$ を底とする対数を**自然対数**といい，普通は底を省略して，次のように書きます[5]．

$$f(x) = \log x \tag{2.41}$$

■ 対数関数のグラフ

対数関数 $f(x) = \log_{10} x$ のグラフを描くと，**図 2.23** 左のようになります．

また，$f(x) = \log_{0.1} x$ のグラフは，対数関数の性質 (2.39)，(2.40) を使うと，

5）自然対数を $\ln x$ と書くこともあります．

$$
\begin{aligned}
f(x) = \log_{0.1} x &= \frac{\log_{10} x}{\log_{10} 0.1} \\
&= \frac{\log_{10} x}{\log_{10} 10^{-1}} = \frac{\log_{10} x}{-1 \cdot \log_{10} 10} \\
&= -\log_{10} x
\end{aligned}
$$

となるので，図 2.23 右のようになります.

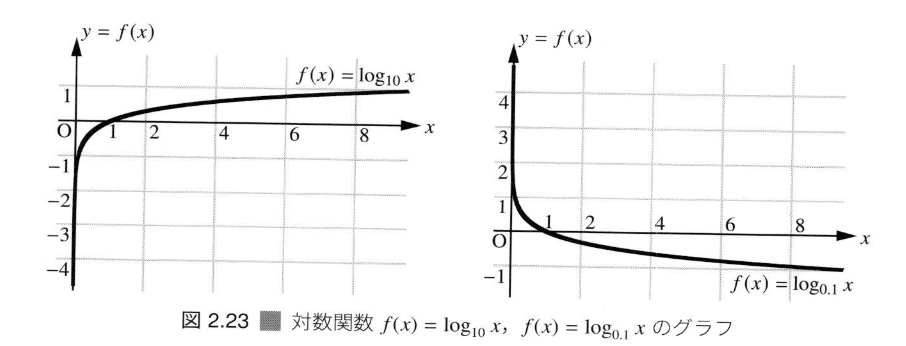

図 2.23 ■ 対数関数 $f(x) = \log_{10} x$，$f(x) = \log_{0.1} x$ のグラフ

2.3.4 Python で指数関数・対数関数

ベクトルや行列とは異なる NumPy 配列を用いると，グラフを描くことができます.

まず，NumPy を使って指数関数の値を計算します. 関数電卓のように 1 つの入力値を指数関数に通した値を表示させるだけでなく，NumPy 配列の各要素を入力とする指数関数の値を NumPy 配列として出力することが可能です.

コード 2.12 は，NumPy 配列を入力として，指数関数の値を計算し，グラフを出力します.

コード 2.12 ■ NumPy 配列から指数関数のグラフを描く

```
1: import numpy as np # ライブラリのインポート
2: import matplotlib.pyplot as plt # ライブラリのインポート
3: x = np.arange(-2, 2, 0.05) # -2≤x<2の数値を 0.05刻みで生成
4: y = np.exp(x) # 指数関数の値を計算しy に格納
```

```
 5: plt.figure(figsize=(12,12)) # 図の大きさを決める
 6: plt.rcParams["font.size"] = 18 # フォントサイズを 18に
 7: plt.plot(x, y, label= r'$y=e^x$') # 座標をプロットし線で繋ぐ
 8: plt.legend() # 凡例を表示
 9: plt.xticks(np.arange(-2, 2.01, 0.5)) # x 軸の表示範囲を設定
10: plt.yticks(np.arange(0, 7.05, 0.5)) # y 軸の表示範囲を設定
11: plt.xlabel(r'$x$') # x 軸のラベルを設定
12: plt.ylabel(r'$y$') # y 軸のラベルを設定
13: plt.grid() # 罫線を表示
14: plt.show() # グラフを表示
```

同様にして，NumPy 配列の各要素を入力とする対数関数の値を NumPy 配列として出力したものからグラフを描くことができます（**コード 2.13**）.

コード 2.13 ■ NumPy 配列から対数関数のグラフを描く

```
 1: import numpy as np
 2: import matplotlib.pyplot as plt
 3: x = np.arange(0.05, 2, 0.05) # 0.05≤x<2の数値を 0.05刻みで生成
 4: y = np.log(x) # 対数関数の値を計算しy に格納
 5: plt.figure(figsize=(12,12))
 6: plt.rcParams["font.size"] = 18
 7: plt.plot(x, y, label= r'$y=logx$')
 8: plt.legend()
 9: plt.xticks(np.arange(0, 2.05, 0.5))
10: plt.yticks(np.arange(-3, 1.05, 0.5))
11: plt.xlabel(r'$x$')
12: plt.ylabel(r'$y$')
13: plt.grid()
14: plt.show()
```

コード 2.12，2.13 の出力は**図 2.24**(a), (b) のようになります.

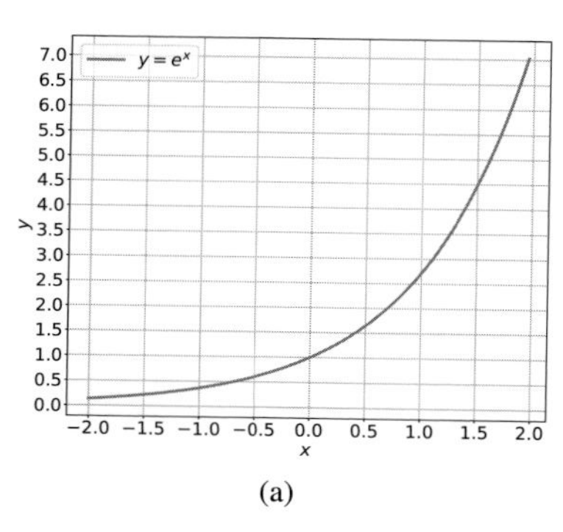

(a)

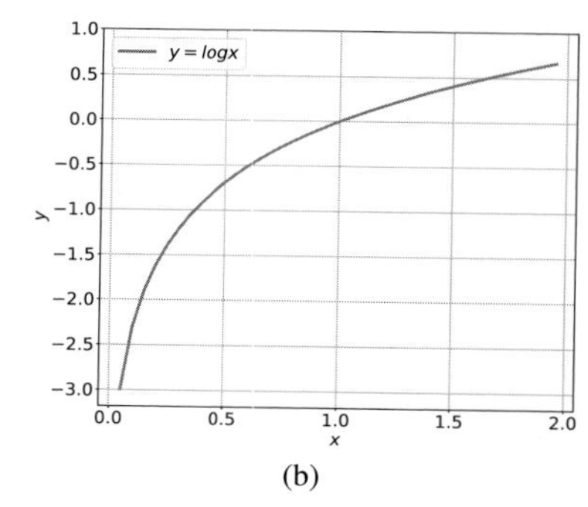

(b)

図 2.24 ■ NumPy 配列から描いたグラフ

2.4 微分

2.4.1 平均変化率

関数 $f(x)$ について考えます．関数に入力する独立変数の値が 1 だけ増えたときの，関数 $f(x)$ の値の増えた量を，**平均変化率**といいます．したがって，関数 $f(x)$ の x すなわち独立変数が x から $x + \Delta x$ に増えたとき，関数 $f(x)$ の値は $f(x + \Delta x) - f(x)$ だけ増えるので，このときの関数 $f(x)$ の平均変化率は，次の式で計算できます．

$$
\begin{aligned}
(\text{関数 } f(x) \text{ の平均変化率}) &= \frac{(\text{関数 } f(x) \text{ の値の増加量})}{(x \text{ の増加量})} \\
&= \frac{f(x + \Delta x) - f(x)}{\Delta x} \qquad (2.42)
\end{aligned}
$$

記号 Δ は変化を表す記号で，「Δx」は x の変化を表します．

例 2.7

$$
f(x) = x^3, \quad g(x) = \frac{1}{x^2}
$$

の x〜$x + \Delta x$ の平均変化率は次のようになる．

$$
\begin{aligned}
\frac{f(x + \Delta x) - f(x)}{\Delta x} &= \frac{(x + \Delta x)^3 - x^3}{\Delta x} = \frac{3x^2 \Delta x + 3x(\Delta x)^2 + (\Delta x)^3}{\Delta x} \\
&= 3x^2 + 3x\Delta x + (\Delta x)^2 \\
\frac{g(x + \Delta x) - g(x)}{\Delta x} &= \frac{1}{\Delta x}\left\{\frac{1}{(x + \Delta x)^2} - \frac{1}{x^2}\right\} = \frac{1}{\Delta x}\frac{x^2 - (x + \Delta x)^2}{(x + \Delta x)^2 x^2} \\
&= \frac{-2x - \Delta x}{(x + \Delta x)^2 x^2}
\end{aligned}
$$

■ 平均変化率の図形的な意味

図 2.25 左上のように，$f(x) = x^2$ のグラフ上の 2 点 A(1, 1) と B(3, 9) を結ぶ直線を考えます．この直線の傾きは平均変化率の式 (2.42) で $x = 1$，$\Delta x = 2$ とすると求まります．つまり，

$$\frac{f(1+2) - f(1)}{2} = \frac{3^2 - 1^2}{2} = 4$$

となります．

次に，点 B をグラフに沿って点 (2,4) に動かし，図 2.25 右上のように，関数 $f(x)$ 上の 2 点 A(1, 1) と B(2, 4) を結ぶ直線を考えます．この直線の傾きは平均変化率の式 (2.42) で $x = 1$，$\Delta x = 1$ とすると求まります．つまり，

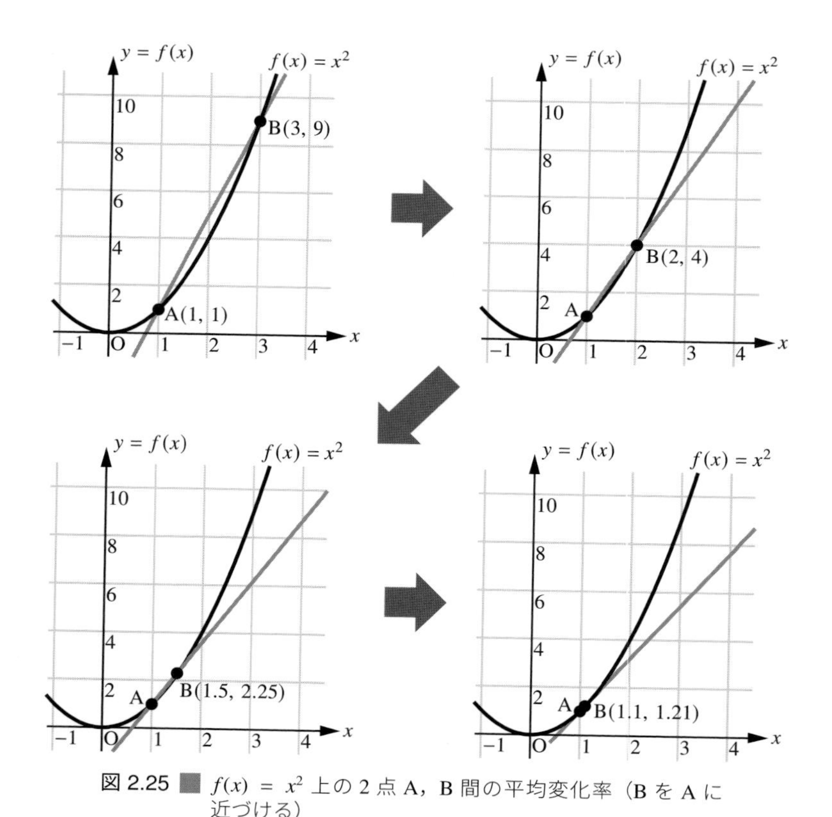

図 2.25　$f(x) = x^2$ 上の 2 点 A，B 間の平均変化率（B を A に近づける）

$$\frac{f(1+1)-f(1)}{1}=\frac{2^2-1^2}{1}=3$$

となります．

さらに点Bをグラフに沿って点(1.5, 2.25)に動かし，図2.25左下のように関数$f(x)$上の2点A(1,1)とB(1.5,2.25)を結ぶ直線を考えます．この直線の傾きは平均変化率の式(2.42)で$x = 1$，$\Delta x = 0.5$とすると求まります．つまり，

$$\frac{f(1+0.5)-f(1)}{0.5}=\frac{1.5^2-1^2}{0.5}=2.5$$

となります．

2.4.2 微分

前項では，$f(x) = x^2$に関する3つの平均変化率を示しましたが，そこでは，点Bをだんだんと点Aに近づけていきました．ではこれを突き詰めて，点Bを点Aに限りなく近づけていったらどうなるでしょうか？　実はこれが，本項で扱う**微分**の操作に相当するのです．

前項の続きで，点Bをグラフに沿って点(1.1, 1.21)に動かし，図2.25右下のように，関数$f(x)$上の2点A(1,1)とB(1.1,1.21)を結ぶ直線を考えます．この直線の傾きは平均変化率の式で$x = 1$，$\Delta x = 0.1$とすると求まります．つまり，

$$\frac{f(1+0.1)-f(1)}{0.5}=\frac{1.21^2-1^2}{0.5}=2.1$$

となります．改めて図2.25右下を見ると，2点A，Bはほぼ1つの点のように見えるほどに接近しています．同時に，2点A，Bを結ぶ直線の傾きはある一定の値，どうやら2の近辺の値に近づいているように見えます．このとき，直線は点Aでグラフに接することから，接線となり，点Aは接点となります．数式上でこの操作をやってみましょう．まず，平均変化率を考えると

$$\begin{aligned}\frac{f(x+\Delta x)-f(x)}{\Delta x} &= \frac{(x+\Delta x)^2-x^2}{\Delta x}\\ &= \frac{x^2+2x\Delta x+(\Delta x)^2-x^2}{\Delta x}\\ &= 2x+\Delta x \end{aligned} \tag{2.43}$$

いまは $x=1$（点A）とし，Δx を限りなく0に近づけると，式(2.43)の値はまさに2となります．

これを一般化して，ある関数 $f(x)$ の $x\sim x+\Delta x$ における平均変化率を考えます．この Δx を限りなく0に近づけていくと，平均変化率もある値に限りなく近づいていきます．この値もまた x の関数で表され，この関数のことを**導関数**と呼び，

$$f'(x),\quad \frac{df(x)}{dx},\quad \frac{df}{dx}$$

などと書きます．また，導関数を求めることを「微分する」といいます．なお，x の関数とみなして微分することを明確にするために，「x で微分する」といういいかたをするときもあります．

微分の定義を式で書くと，次のようになります．

$$\frac{df(x)}{dx} = \lim_{\Delta x\to 0}\frac{f(x+\Delta x)-f(x)}{\Delta x} \tag{2.44}$$

ここで出てきた $\lim_{\Delta x\to 0}$(数式)は，Δx を限りなく0に近づけたときに，(数式)の値が限りなく近づいていく先の値を表します．

少し説明が長くなりましたが，要するに，$f(x)=x^2$ を導関数の定義に基づいて微分すると

$$f'(x)=\frac{df(x)}{dx}=2x$$

である，ということです．

■ 極値と関数の増減

関数を微分すると接線の傾きがわかることは上のとおりですが，そこに至る過程を振り返ると，接線の傾きはごく近い2点間の関数の増加量（変化量，つまり接点付近における関数の値の増減の様子）を表しているといえます．各 x における $f(x)$ の微分は各 x での接線の傾き（増減の様子）を表すので，x の

とる値の範囲において微分を利用することで，関数 $f(x)$ の増減の様子を知ることができます．そのために便利なのが，増減の様子を表にまとめた「増減表」です．増減表がわかると，次のようにしてグラフを描くことができるようになります．

その前に，「**極値**」について説明しておきます．極値というのは，x を増やしていったとき，前後で関数の増減の様子が変わる点での関数値のことです．増加から減少に変わるときは極大値，減少から増加に変わるときは極小値といいます．そして，極値となる点では，接線の傾きは0です．例えば，$f(x) = x^2$ では $f'(x) = 2x$ なので

- $x < 0$ では $f'(x) = 2x < 0$，つまり接線の傾きは負
- $x = 0$ では $f'(0) = 2 \cdot 0 = 0$，つまり接線の傾きは0
- $x > 0$ では $f'(x) = 2x > 0$，つまり接線の傾きは正

ですが，図2.25を見ると，$x = 0$ で $f(x)$ は減少から増加に転じるので，$x = 0$ は極小値です．この例からわかるように，接線の傾きが負ならば関数は減少し，接線の傾きが正なら関数は増加します．

もう少し，極値の例を考えてみましょう．x の関数

$$f(x) = x^3 - 3x^2 + 1$$

について，増減表を書いてグラフを描いてみます．

$$\frac{df(x)}{dx} = 3x^2 - 6x = 3x(x-2)$$

であり，これが0になる（接線の傾きが0になる）x は，

$$3x(x-2) = 0 \quad \therefore \quad x = 0, 2$$

次は，上で求めた x の前後で $\dfrac{df(x)}{dx}$ の符号がどうであるかを調べます．$\dfrac{df(x)}{dx} = 3x(x-2)$ は下に凸な放物線なので（**図2.26**(a)），

- $x < 0$ では $\dfrac{df(x)}{dx} > 0$
- $0 < x < 2$ では $\dfrac{df(x)}{dx} < 0$
- $2 < x$ では $\dfrac{df(x)}{dx} > 0$

ここまでくれば，$f(x)$ の極値や増減がわかります．

- $x < 0$ では $f(x)$ は増加
- $0 < x < 2$ では $f(x)$ は減少
- $2 < x$ では $f(x)$ は増加

であり，$x = 0$ の前後で増加から減少に転じているので $f(0) = 1$ は極大値，$x = 2$ の前後で減少から増加に転じているので $f(2) = -3$ は極小値となります．増減表は次のようになります．

x	$\cdots$	0	$\cdots$	2	$\cdots$
$\dfrac{df(x)}{dx}$	+	0	−	0	+
$f(x)$	↗	1	↘	−3	↗

この増減表に合わせて，関数 $f(x)$ のグラフは図 2.26(b) のようになります．

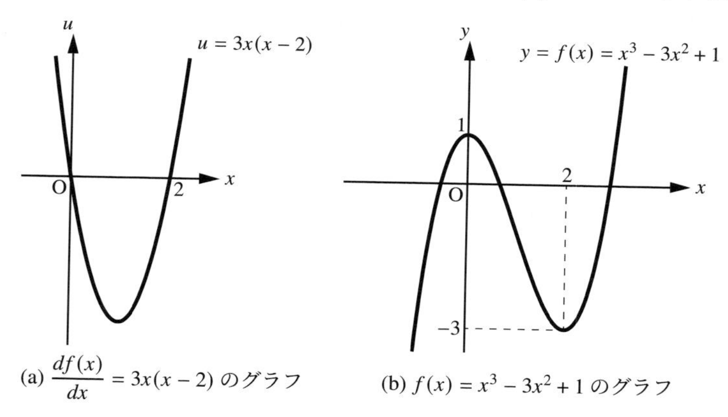

(a) $\dfrac{df(x)}{dx} = 3x(x-2)$ のグラフ　(b) $f(x) = x^3 - 3x^2 + 1$ のグラフ

図 2.26 $f(x)$ とその微分のグラフ

■ *n* 次導関数・*n* 階微分

関数によっては，微分した後さらに微分できる関数があります．2度微分してできた関数のことを**2次導関数**または**2階微分**と呼びます．これに合わせて，1度だけ微分してできた関数を**1次導関数**または**1階微分**と呼び，一般に n 度微分してできた関数のことを***n* 次導関数**または***n* 階微分**と呼びます．

$f(x)$ の 1 次導関数は $f'(x)$ あるいは $\dfrac{df(x)}{dx}$ と書きましたが，2 次導関数は $f''(x)$ あるいは $\dfrac{d^2f(x)}{dx^2}$ と書き，一般に n 次導関数は $f^{(n)}(x)$ あるいは $\dfrac{d^nf(x)}{dx^n}$ と書きます．

2 次導関数と 1 次導関数の関係は

$$\frac{d^2f(x)}{dx^2} = \lim_{\Delta x \to 0} \frac{f'(x+\Delta x) - f'(x)}{\Delta x} \tag{2.45}$$

となります．$f(x)$ が $(n+1)$ 回微分可能であるとすると

$$\frac{d^{n+1}f(x)}{dx^{n+1}} = \lim_{\Delta x \to 0} \frac{f^{(n)}(x+\Delta x) - f^{(n)}(x)}{\Delta x} \tag{2.46}$$

となります．

例 2.8

$$f(x) = x^3, \quad g(x) = \frac{1}{x^2}$$

を導関数の定義に基づいて微分すると，例 2.7 の結果より，次のようになる．

$$\begin{aligned}
\frac{df(x)}{dx} &= \lim_{\Delta x \to 0} \frac{f(x+\Delta x) - f(x)}{\Delta x} \\
&= \lim_{\Delta x \to 0} \{3x^2 + 3x\Delta x + (\Delta x)^2\} \\
&= 3x^2 \\
\frac{dg(x)}{dx} &= \lim_{\Delta x \to 0} \frac{g(x+\Delta x) - g(x)}{\Delta x} \\
&= \lim_{\Delta x \to 0} \frac{-2x - \Delta x}{(x+\Delta x)^2 x^2} \\
&= -\frac{2}{x^3}
\end{aligned}$$

■ x^n の微分

ここまでで，次の微分を計算してきました．

$$f(x) = x^2 \qquad \Longrightarrow \qquad \frac{df(x)}{dx} = 2x$$

$$f(x) = x^3 \qquad \Longrightarrow \qquad \frac{df(x)}{dx} = 3x^2$$

$$f(x) = \frac{1}{x^2} = x^{-2} \qquad \Longrightarrow \qquad \frac{df(x)}{dx} = \frac{-2}{x^3} = -2x^{-3}$$

証明は省略しますが，一般に，次の公式が成り立ちます．

$$f(x) = x^n \quad (n\text{ は整数}) \qquad \Longrightarrow \qquad \frac{df(x)}{dx} = nx^{n-1} \tag{2.47}$$

さらに，こちらも証明は省略しますが，公式 (2.47) は，n が整数に限らず任意の実数で成り立ちます．

2.4.3 合成関数の微分

合成関数というのは，複数の関数が入れ子になっている関数のことをいいます．例えば，

$$f(x) = 4x^2 + 1, \quad g(x) = 3x - 5$$

のとき，合成関数 $f(g(x))$ は，$f(x)$ の x に $g(x)$ を入れたもの，すなわち次のようになります．

$$f(g(x)) = 4(g(x))^2 + 1 = 4(3x - 5)^2 + 1$$

合成関数 $f(g(x))$ を微分するには，次の公式を使います．

$$\frac{df(g(x))}{dx} = \frac{df(g(x))}{dg(x)} \cdot \frac{dg(x)}{dx} \tag{2.48}$$

証明は省略しますが，右辺を分数の積とみなすと，$dg(x)$ が約分されて左辺になる，と思っておけばよいでしょう．

例 2.9

$$f(x) = \frac{1}{x^2}$$

$$g(x) = 2x + 3$$

のとき，$f(g(x))$，$g(f(x))$ をそれぞれ x で微分してみる．まず

$$f(g(x)) = \frac{1}{g(x)^2}$$

なので，$g(x)$ を独立変数とみなして微分すると

$$\frac{df(g(x))}{dg(x)} = \frac{-2}{(g(x))^3}$$

また，

$$\frac{dg(x)}{dx} = 2$$

これら 2 式の辺々の積をとることで，合成関数 $f(g(x))$ を x で微分した結果が得られる．すなわち，

$$\begin{aligned}\frac{d}{dx}f(g(x)) &= \frac{df(g(x))}{dg(x)} \cdot \frac{dg(x)}{dx} \\ &= \frac{-2}{(g(x))^3} \cdot 2 \\ &= -\frac{4}{(2x+3)^3}\end{aligned}$$

同様に考えると

$$\begin{aligned}\frac{d}{dx}g(f(x)) &= \frac{dg(f(x))}{df(x)} \cdot \frac{df(x)}{dx} \\ &= \frac{d(2f(x)+3)}{df(x)} \cdot \frac{d}{dx}\left(\frac{1}{x^2}\right) \\ &= 2 \cdot \frac{-2}{x^3} \\ &= -\frac{4}{x^3}\end{aligned}$$

2.4.4 指数関数・対数関数の微分

■ 指数関数の微分

ある正の数 a があって，指数関数 a^x を x で微分したら全く同じ関数 a^x になったとします．このときの a の値が，2.71828⋯ という無限小数（ネイピア数）e であることは，2.3.2 項で触れたとおりです．式 (2.33) を改めて書くと

$$\frac{de^x}{dx} = e^x$$

です.

■ 逆関数の微分

次に対数関数の微分を考えるのですが，その前に，2.3.3 項で解説した，対数関数は指数関数の逆関数であることを踏まえ，逆関数の微分を考えてみましょう.

関数 $y = f(x)$ の逆関数とは，x と y を入れ替えた $x = f(y)$ のことで，「$y = \cdots$」の形に表すと，$y = f^{-1}(x)$ となります．ここで，$x = f(y)$ を「x で」微分してみると，

$$1 = \frac{df(y)}{dy} \cdot \frac{dy}{dx} = f'(y) \cdot \frac{dy}{dx} \tag{2.49}$$

となります．したがって，逆関数の微分は，

$$\frac{dy}{dx} = \frac{1}{f'(y)} = \frac{1}{\dfrac{dx}{dy}} \quad \left(\frac{d}{dx} f^{-1}(x) = \frac{1}{\left.\dfrac{df(y)}{dy}\right|_{y=f^{-1}(x)}} \right) \tag{2.50}$$

となります.

■ 対数関数の微分

逆関数の微分を使って，指数関数 $y = e^x$ の逆関数である $x = e^y$ を微分してみましょう.

$$\frac{dy}{dx} = \frac{1}{\dfrac{dx}{dy}} = \frac{1}{\dfrac{de^y}{dy}} = \frac{1}{e^y} = \frac{1}{x} \tag{2.51}$$

一方，対数関数の定義より，$x = e^y$ から $y = \log x$ なので，式 (2.51) より

$$\frac{d \log x}{dy} = \frac{1}{x} \tag{2.52}$$

例 2.10

$$f(x) = e^{3x+1}, \quad g(x) = \log(3x+1)$$

を x で微分すると，合成関数の微分と考え，次のようになる．

$$\begin{aligned}\frac{d}{dx}e^{3x+1} &= \frac{de^{3x+1}}{d(3x+1)} \cdot \frac{d(3x+1)}{dx} \\ &= e^{3x+1} \cdot 3 \\ &= 3e^{3x+1}\end{aligned}$$

$$\begin{aligned}\frac{d}{dx}\log(3x+1) &= \frac{d\log(3x+1)}{d(3x+1)} \cdot \frac{d(3x+1)}{dx} \\ &= \frac{1}{3x+1} \cdot 3 \\ &= \frac{3}{3x+1}\end{aligned}$$

2.4.5 偏微分

ここまでは，関数として独立変数が 1 つだけのもの（これを 1 変数関数といいます）を扱ってきました．ここからは，独立変数が複数のいわゆる多変数関数について考えます．変数を表す記号は，変数の個数も重要であることから，記号の右下に番号に相当する数あるいは記号を添え，x_i のように表すことにします．

一般に $x_1, x_2, \cdots, x_n$ の関数 $f(x_1, x_2, \cdots, x_n)$ を変数 x_i についてのみ微分したものを

$$\frac{\partial f(x_1, x_2, \cdots, x_n)}{\partial x_i} \quad あるいは \quad \frac{\partial f}{\partial x_i}$$

と書きます．これは $x_1, x_2, \cdots, x_n$ という n 個の独立変数のうち，x_i 以外の変数を固定して（定数とみなして），x_i だけの関数とみなし微分することで，この微分を**偏微分**といいます．微分の定義式で書けば，次のようになります．

$$\frac{\partial f(x_1, x_2, \cdots, x_n)}{\partial x_i} = \lim_{\Delta x_i \to 0} \frac{f(x_1, x_2, \cdots, x_i + \Delta x_i, \cdots, x_n) - f(x_1, x_2, \cdots, x_i, \cdots, x_n)}{\Delta x_i} \tag{2.53}$$

例えば，2 変数関数

$$f(x_1, x_2) = 2x_1^2 + 5x_1x_2 + 3x_2^2$$

を x_1 で偏微分することを式 (2.53) の定義に基づいて計算すると，次のようになります．

$$\begin{aligned}\frac{\partial f(x_1, x_2)}{\partial x_1} &= \lim_{\Delta x_1 \to 0} \frac{f(x_1 + \Delta x_1, x_2) - f(x_1, x_2)}{\Delta x_1} \\ &= \lim_{\Delta x_1 \to 0} \frac{2(x_1 + \Delta x_1)^2 + 5(x_1 + \Delta x_1)x_2 + 3x_2^2 - 2x_1^2 - 5x_1x_2 - 3x_2^2}{\Delta x_1} \\ &= \lim_{\Delta x_1 \to 0} \frac{4x_1\Delta x_1 + 2(\Delta x_1)^2 + 5x_2\Delta x_1}{\Delta x_1} \\ &= \lim_{\Delta x_1 \to 0} (4x_1 + 2\Delta x_1 + 5x_2) = 4x_1 + 5x_2\end{aligned}$$

毎回定義に基づいて計算するのは大変ですが，幸い x_2 を定数とし変数は x_1 だけの 1 変数関数とみなして関数 f を微分することで，

$$\begin{aligned}\frac{\partial f(x_1, x_2)}{\partial x_1} &= \frac{\partial}{\partial x_1}(2x_1^2 + 5x_1x_2 + 3x_2^2) \\ &= 4x_1 + 5x_2\end{aligned}$$

と計算することができます．ここでは式 (2.47) を用いました．

また，$f(x_1, x_2)$ を x_2 で偏微分するときは，x_1 は定数とし x_2 だけの 1 変数関数とみなして微分することで，次のように計算できます．

$$\begin{aligned}\frac{\partial f(x_1, x_2)}{\partial x_2} &= \frac{\partial}{\partial x_2}(2x_1^2 + 5x_1x_2 + 3x_2^2) \\ &= 5x_1 + 6x_2\end{aligned}$$

■ 偏微分の図形的な意味

偏微分の図形的な意味を可視化して考察するために，2 変数関数 $f(x_1, x_2)$ を

考えます．3 次元空間で，

$$x_3 = f(x_1, x_2)$$

という式は一般に（2 次元の）曲面を表します．

いま，曲面上で (x_1, x_2) を $(x_1 + \Delta x_1, x_2 + \Delta x_2)$ に変化させたとします．すると，次項で説明するテイラー展開を用いることで，

$$f(x_1 + \Delta x_1, x_2 + \Delta x_2) = f(x_1, x_2) + \frac{\partial f(x_1, x_2)}{\partial x_1}\Delta x_1 + \frac{\partial f(x_1, x_2)}{\partial x_2}\Delta x_2 \tag{2.54}$$

という式を得ます．ただし，ここでは Δx_1 や Δx_2 は非常に小さいとして，これらの 2 乗以上の項は無視しました．

すると，$f(x_1, x_2)$ の増分 $\Delta f(x_1, x_2)$ は，次のようにベクトルの内積で表すことができます．

$$\begin{aligned}\Delta f(x_1, x_2) &= f(x_1 + \Delta x_1, x_2 + \Delta x_2) - f(x_1, x_2)\\ &= \frac{\partial f(x_1, x_2)}{\partial x_1}\Delta x_1 + \frac{\partial f(x_1, x_2)}{\partial x_2}\Delta x_2\\ &= \begin{pmatrix} \dfrac{\partial f(x_1, x_2)}{\partial x_1} \\ \dfrac{\partial f(x_1, x_2)}{\partial x_2} \end{pmatrix}^{\top} \begin{pmatrix} \Delta x_1 \\ \Delta x_2 \end{pmatrix}\end{aligned} \tag{2.55}$$

ここで，次のような記号を導入します．

$$\nabla f(x_1, x_2) = \begin{pmatrix} \dfrac{\partial f(x_1, x_2)}{\partial x_1} \\ \dfrac{\partial f(x_1, x_2)}{\partial x_2} \end{pmatrix}$$

$$\Delta \boldsymbol{r} = \begin{pmatrix} \Delta x_1 \\ \Delta x_2 \end{pmatrix}$$

∇ はナブラと呼ばれる記号で，$\nabla f(x_1, x_2)$ は $f(x_1, x_2)$ の**勾配ベクトル**（または単に**勾配**）といいます．$\nabla f(x_1, x_2)$ と $\Delta \boldsymbol{r}$ のなす角を θ とすると，$\Delta f(x_1, x_2)$ は次のように表すことができます．

$$\begin{aligned}\Delta f(x_1, x_2) &= \nabla f(x_1, x_2)^\top \Delta \boldsymbol{r} \\ &= \|\nabla f(x_1, x_2)\| \ \|\Delta \boldsymbol{r}\| \cos\theta \end{aligned} \tag{2.56}$$

式 (2.56) から，(x_1, x_2) と $\|\Delta \boldsymbol{r}\|$ を固定して θ だけを動かすと，$\theta = 0°$，すなわち $\nabla f(x_1, x_2)$ と $\Delta \boldsymbol{r}$ が同じ向きになったとき $\Delta f(x_1, x_2)$ は最大となることがわかります．

そこで，$\Delta \boldsymbol{r}$ を

$$\Delta \boldsymbol{r} = \nabla f(x_1, x_2) = \begin{pmatrix} \dfrac{\partial f(x_1, x_2)}{\partial x_1} \\ \dfrac{\partial f(x_1, x_2)}{\partial x_2} \end{pmatrix} \tag{2.57}$$

とすると，$\theta = 0°$ のとき

$$\Delta f(x_1, x_2) = \|\nabla f(x_1, x_2)\|^2 \tag{2.58}$$

となるので，3 次元のベクトル

$$\boldsymbol{u} = \begin{pmatrix} \dfrac{\partial f(x_1, x_2)}{\partial x_1} \\ \dfrac{\partial f(x_1, x_2)}{\partial x_2} \\ \|\nabla f(x_1, x_2)\|^2 \end{pmatrix} = \begin{pmatrix} \dfrac{\partial f(x_1, x_2)}{\partial x_1} \\ \dfrac{\partial f(x_1, x_2)}{\partial x_2} \\ \left(\dfrac{\partial f(x_1, x_2)}{\partial x_1}\right)^2 + \left(\dfrac{\partial f(x_1, x_2)}{\partial x_2}\right)^2 \end{pmatrix} \tag{2.59}$$

は，曲面 $x_3 = f(x_1, x_2)$ の点 $(x_1, x_2, f(x_1, x_2))$ における最大傾斜方向を表すベクトルとなります．具体例として，

$$f(x_1, x_2) = 2 - (x_1 - 1)^2 - (x_2 - 1)^2$$

として曲面 $x_3 = f(x_1, x_2)$ 上の点 $(x_1, x_2, f(x_1, x_2))$ における最大傾斜方向を表すベクトルをメッシュ上の各点で描いてみると，**図 2.27** のようになります．

2.4.6 級数展開

微分を使うと，指数関数 e^x や三角関数（$\sin x$ など）などを，x^n の形の式の和で表すことができます．「級数」とは，和のことです．

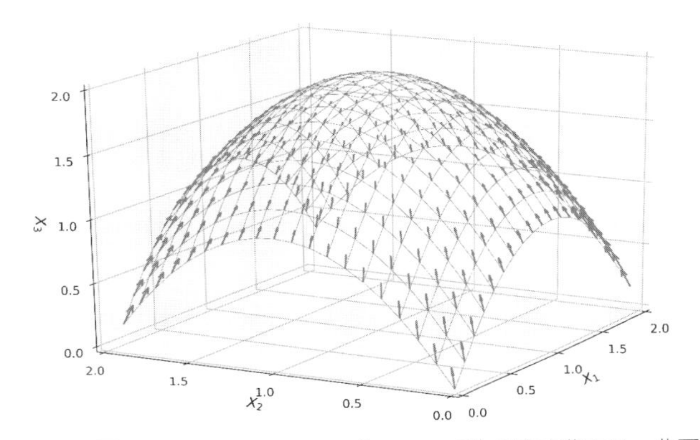

図 2.27 ■ $f(x_1, x_2) = 2 - (x_1 - 1)^2 - (x_2 - 1)^2$ の表す曲面と，曲面上の各点の最大傾斜方向

■ 1 変数関数のテイラー展開

関数 $f(x)$ が次のような形に表せたとします．

$$f(x) = w_0 + w_1(x-a) + w_2(x-a)^2 + w_3(x-a)^3 + w_4(x-a)^4 + \cdots + w_n(x-a)^n + \cdots \tag{2.60}$$

ここで $a, w_i\ (i = 0, 1, 2, \cdots, n, \cdots)$ は定数であるとし，また項がどこまで続くかは問わないものとします．

まず，式 (2.60) に $x = a$ を代入すると，

$$w_0 = f(a)$$

また，式 (2.60) を x で微分すると，

$$f'(x) = w_1 + 2w_2(x-a) + 3w_3(x-a)^2 + 4w_4(x-a)^3 + \cdots + nw_n(x-a)^{n-1} + \cdots \tag{2.61}$$

となります．ここで，式 (2.61) に $x = a$ を代入すると，

$$w_1 = f'(a)$$

また，式 (2.61) を x で微分すると，

$$f''(x) = 2w_2 + 3 \cdot 2w_3(x-a) + 4 \cdot 3w_4(x-a)^2 + \cdots$$
$$+ n(n-1)w_n(x-a)^{n-2} + \cdots \tag{2.62}$$

となります．さらに，式 (2.62) に $x = a$ を代入すると，

$$w_2 = \frac{f''(a)}{2}$$

また，式 (2.62) を x で微分すると，

$$f^{(3)}(x) = 3 \cdot 2w_3 + 4 \cdot 3w_4(x-a) + \cdots$$
$$+ n(n-1)(n-2)w_n(x-a)^{n-3} + \cdots \tag{2.63}$$

となります．そして，式 (2.63) に $x = a$ を代入すると，

$$w_3 = \frac{f^{(3)}(a)}{3 \cdot 2}$$

となります．ここまでの操作を繰り返すことで，

$$w_i = \frac{f^{(i)}(a)}{i!} \quad (i = 1, 2, \cdots, n, \cdots) \tag{2.64}$$

が得られ，$w_0 = f(a)$ と式 (2.64) を式 (2.60) に代入することで

$$f(x) = f(a) + f'(a)(x-a) + \frac{f''(a)}{2!}(x-a)^2 + \cdots$$
$$+ \frac{f^{(n)}(a)}{n!}(x-a)^n + \cdots \tag{2.65}$$

が得られます．式 (2.65) を，$x = a$ における関数 $f(x)$ の**テイラー展開**と呼びます．なお，ここでのテイラー展開 (2.65) の導出は，厳密性を犠牲にし直感的なイメージを重視しましたが，例えば $f(x) = (x^2 + x + 1)^n$（n は正の整数）は，$2n + 1$ 個の項の式として正しくテイラー展開できます．ただし，$x = a$ を代入して w_i を決めているので，一般には x が a に近くないと，展開式は不正確になる可能性があります．

■ マクローリン展開

テイラー展開 (2.65) で $a = 0$ としたものを，特に**マクローリン展開**といいます．すなわち，$f(x)$ のマクローリン展開は次のようになります．

$$f(x) = f(0) + f'(0)x + \frac{f''(0)}{2!}x^2 + \cdots + \frac{f^{(n)}(0)}{n!}x^n + \cdots \tag{2.66}$$

例 2.11

$f(x) = e^x$，$g(x) = (a + x)^n$（a は定数，n は正の整数）をマクローリン展開すると，

$$\begin{aligned} f(x) &= f(0) + f'(0)x + \frac{f''(0)}{2!}x^2 + \cdots + \frac{f^{(n)}(0)}{n!}x^n + \cdots \\ &= 1 + x + \frac{x^2}{2!} + \frac{x^3}{3!} + \cdots + \frac{x^n}{n!} + \cdots \\ &= \sum_{i=0}^{\infty} \frac{x^i}{i!} \end{aligned}$$

$$\begin{aligned} g(x) &= g(0) + g'(0)x + \frac{g''(0)}{2!}x^2 + \cdots + \frac{g^{(n)}(0)}{n!}x^n + \cdots \\ &= a^n + na^{n-1}x + \frac{n(n-1)}{2!}a^{n-2}x^2 + \frac{n(n-1)(n-2)}{3!}a^{n-3}x^3 + \cdots + x^n \\ &= \frac{n!}{n!}a^n + \frac{n!}{1!(n-1)!}a^{n-1}x + \frac{n!}{2!(n-2)!}a^{n-2}x^2 \\ &\qquad + \frac{n!}{3!(n-3)!}a^{n-3}x^3 + \cdots + \frac{n!}{n!}x^n \\ &= \sum_{i=0}^{n} \frac{n!}{i!(n-i)!}a^{n-i}x^i \end{aligned}$$

例 2.11 において，各展開式の最後の辺で用いた記号 $\sum_{i=0}^{\infty}$ や $\sum_{i=0}^{n}$ は，和の記号と呼ばれるもので，$i = 0$ を代入した式，$i = 1$ を代入した式，$i = 2$ を代入した式，…，の順に和をとることを表します．$\sum$ の上にある記号は和をとる最後の項を示し，前者では ∞ を用いていることから無限個の，後者では n であることから $i = n$ までの和となります．

なお，$g(x)$ のマクローリン展開では，多少テクニカルな式変形をしましたが，この式は**二項定理**と呼ばれるものです．

■ 2変数関数のテイラー展開

前項で偏微分の図形的意味を解説する際に，2変数関数のテイラー展開を用いました．その概要は次のとおりです．

前項で用いた2変数関数 $f(x_1, x_2)$ について，$f(x_1 + \Delta x_1, x_2 + \Delta x_2)$ をテイラー展開します．まず，Δx_1 に関して，1変数関数のテイラー展開と同じように考えると，次のようになるでしょう．

$$\begin{aligned} f(x_1 + \Delta x_1, x_2 + \Delta x_2) &= f(x_1, x_2 + \Delta x_2) + \frac{\partial f(x_1, x_2 + \Delta x_2)}{\partial x_1}\Delta x_1 \\ &\quad + \frac{1}{2!}\frac{\partial^2 f(x_1, x_2 + \Delta x_2)}{\partial x_1^2}(\Delta x_1)^2 + \cdots \end{aligned}$$

2変数関数なので，偏微分を用いていることに注意してください．ここでさらに，上式の右辺の各項を展開すると，次のようになるでしょう．

$$f(x_1, x_2 + \Delta x_2) = f(x_1, x_2) + \frac{\partial f(x_1, x_2)}{\partial x_2}\Delta x_2 + \frac{1}{2!}\frac{\partial^2 f(x_1, x_2)}{\partial x_2^2}(\Delta x_2)^2 + \cdots$$

$$\frac{\partial f(x_1, x_2 + \Delta x_2)}{\partial x_1} = \frac{\partial f(x_1, x_2)}{\partial x_1} + \frac{\partial^2 f(x_1, x_2)}{\partial x_2 \partial x_1}\Delta x_2 + \cdots$$

したがって，$f(x_1 + \Delta x_1, x_2 + \Delta x_2)$ は次のようになります．

$$\begin{aligned} f(x_1 + \Delta x_1, x_2 + \Delta x_2) &= f(x_1, x_2) + \frac{\partial f(x_1, x_2)}{\partial x_1}\Delta x_1 + \frac{\partial f(x_1, x_2)}{\partial x_2}\Delta x_2 \\ &\quad + \frac{1}{2}\left\{\frac{\partial^2 f(x_1, x_2)}{\partial x_1^2}(\Delta x_1)^2 + 2\frac{\partial^2 f(x_1, x_2)}{\partial x_1 \partial x_2}\Delta x_1 \Delta x_2 \right. \\ &\quad \left. + \frac{\partial^2 f(x_1, x_2)}{\partial x_2^2}(\Delta x_2)^2\right\} + \cdots \end{aligned} \tag{2.67}$$

なお，ここでは，偏微分の交換可能性，つまり先に x_1 で偏微分しても x_2 で偏微分しても問題ないこと，を前提としました（本書で扱う関数では気にしなくてもよいです）．

同じような考え方で，n 変数関数 $(n \geq 3)$ についてもテイラー展開が可能です．

第3章

線形サポートベクトルマシン（線形SVM）

サポートベクトルマシン（SVM）による線形分類モデルは，直感的にわかりやすいといえます．実際，平面上に分布する複数の点が2つのクラスに明確に分かれていると，SVMによって，かなり適切に分類境界となる直線を引くことができます．もし，2つのクラスの点群が平面上で多少混ざり合っていたとしても，SVMの線形分類モデルにちょっとした数学的工夫を加えることで，性能の良い分類直線を引くことができます．

本章では，分類モデルの基本となる線形SVMについて，数式の展開を丁寧に説明し，またPythonによる実践例を取り上げます．

3.1 線形 SVM

本節では，まずサポートベクトルマシン（SVM）の中で最もシンプルな線形ハードマージン SVM を紹介します．次に，これを少し改良して 2 クラスの点群がやや入り乱れた場合でも分類直線が引けるようにした線形ソフトマージン SVM について述べます．

3.1.1 線形ハードマージン SVM

図 3.1 のような 2 次元平面上にプロットされた 2 クラスの点群があります．これらをそれぞれ■群，▲群と名付けます．いま，これらの点群を学習用データとして，点群の分類モデルを作ることにします．

各点の位置は 2 つの値 x_1，x_2 の組によって決まるとして，新たなデータが与えられたとき，そのデータは■群，▲群のどちらのクラスに分類するかを決めるために境界となる線を引くことにします．

図 3.1 では，両群の間に広い隙間があるため，その隙間に境界線を引くことができそうです．この境界線が直線の場合を線形分離可能といいます．では，境界線を直線にするとしたらどのような直線を引くとよいでしょうか？

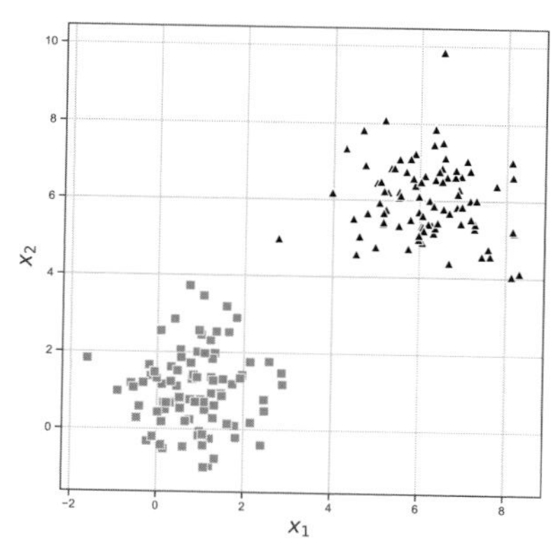

図 3.1 ■ 分類対象の 2 つの点群

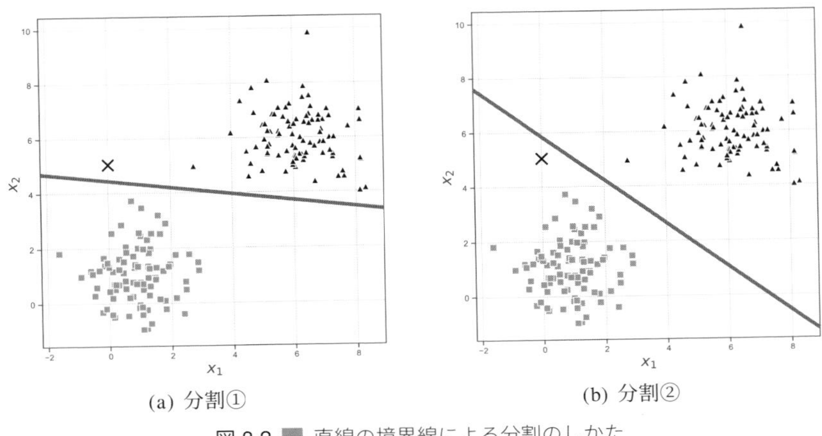

図 3.2 ■ 直線の境界線による分割のしかた

図 3.2(a)（分割①）や図 3.2(b)（分割②）など，直線の引きかたは隙間を通るものであればいくらでも描けそうですが，ここでは，その中でも「最も良い」境界線を引くにはどうすればよいかを考えます．

この「最も良い」の意味について，少し説明しておきましょう．

ここでは，平面上の点群を分類するための境界線の引きかたを考えていますが，その目的は，「学習に使用していない新たなデータを取得して平面上にプロットするときに，そのデータが■群，▲群のどちらに属するかを判別したい」ということです．つまり，「未知のデータの判別性能が最も良い境界線を引く」ことが最終目的です．この「性能」の善し悪しの定義の仕方はいくつか考えられますが，ここでは，「仲間の点は近くにある」と考え，境界線はそれぞれの点群からなるべく遠くに引くほうが，新たなデータを間違えて分類することが少なそうであり，「性能の良い」境界線といえそうです．この観点から分割①と②を比較すると，分割②のほうが良い性能をもっているといえます．実際，図 3.2 に × 印で示した点は，図 3.2(b) の分割②に従って■群に分類するのが自然に思えます．その理由は，× 点は▲群の集中している領域より■群の集中している領域に近そうだからです．

では，もう少し論理的に「境界線はそれぞれの点群からなるべく遠くに引く」方法を考えましょう．境界線の両側に緩衝地帯を設けるというのはどうでしょうか．そしてその緩衝地帯の幅をなるべく大きくすれば，境界線はそれぞ

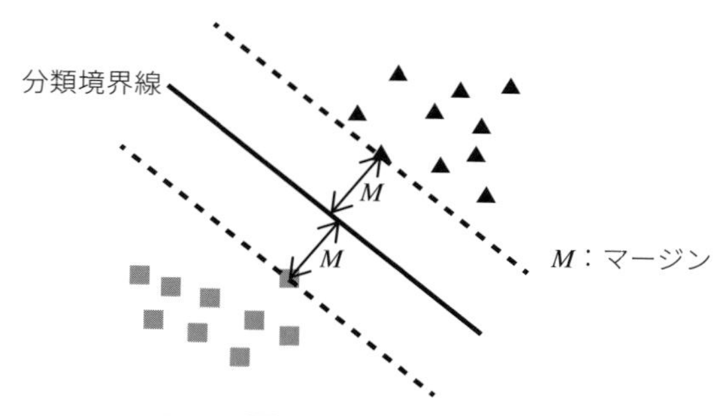

図 3.3 ■ 分類境界線とマージン

れの点群から最も離れた位置に引けることになります．

分類境界線に最も近いそれぞれのクラスの点との距離を「マージン」と呼びます（**図 3.3**）．上記の緩衝地帯の幅がマージンで決まります．このマージンをなるべく大きくする（緩衝地帯を大きくする，広い道を通す）ことで，新たなデータの誤分類が抑えられます．

このように，2つの点群の間になるべく広い道を通すという考え方を実装した分類モデルのことを，**サポートベクトルマシン**（**Support Vector Machine; SVM**）と呼びます．ここで，サポートベクトルとは境界線からマージン M だけ離れた点を指します．特に境界を表す関数（これを決定関数といいます）が線形関数の場合（つまり境界線が直線の場合），線形 SVM といいます．また，全ての点群がマージンの内側（道の中）に入ってこないような強い制約条件を課す場合は，**ハードマージン SVM** といいます．

この分類モデルによって点群を分類するステップは，次のようになります．

ハードマージン線形 SVM による分類最適化のステップ

Step 1. 学習用データを n 個用意する．

Step 2. i 番目の学習用データの特徴を示す値を $\boldsymbol{x}_i = (x_{i1}, x_{i2})^\top$ と表す（これを特徴量という）．

Step 3. i 番目の学習用データ $\boldsymbol{x}_i$ のラベルを t_i とし，▲群ならば $t_i = 1$，■群ならば $t_i = -1$ とする．

Step 4. 学習用データ $\boldsymbol{x}_i = (x_{i1}, x_{i2})^\top$ と境界線 $w_1x_1 + w_2x_2 + b = 0$ との距離が

$$\frac{|w_1 x_{i1} + w_2 x_{i2} + b|}{\sqrt{w_1^2 + w_2^2}}$$

であることを用いて（2.1.5 項参照），

- ▲群（$t_i = 1$）ならば，$\dfrac{w_1 x_{i1} + w_2 x_{i2} + b}{\sqrt{w_1^2 + w_2^2}} \geq M$
- ■群（$t_i = -1$）ならば，$\dfrac{w_1 x_{i1} + w_2 x_{i2} + b}{\sqrt{w_1^2 + w_2^2}} \leq -M$

をすべての学習用データについて満たすマージン M の値が最大となるような w_1, w_2, b の値の組合せを求める．

Step 5. 新たに特徴量 $\boldsymbol{x}_v = (x_{1v}, x_{2v})^\top$ をもったデータが与えられたとき，**Step 4** で求めた w_1, w_2, b の値を用いた関数（識別関数）

$$f(\boldsymbol{x}) = w_1 x_1 + w_2 x_2 + b$$

に $\boldsymbol{x}_v = (x_{1v}, x_{2v})^\top$ を入れて，

- $f(\boldsymbol{x}_v) > 0$ ならば，▲群
- $f(\boldsymbol{x}_v) \leq 0$ ならば，■群

と分類する．

Step 4 では，両群の間になるべく幅の広い一直線の道を通すにはどのような位置・向きに道を通せばよいかを見つけます．つまり，**Step 4** では，線形 SVM 分類モデルのマージン M の値を最大化するような w_1, w_2, b の値の調整を行っているのです．

上記のマージン M の値を最大化するところは，数学的にもう少しすっきり書くことができます．

まずベクトル表記を導入して

$$\boldsymbol{x}_i = (x_{i1}, x_{i2})^\top$$

$$\boldsymbol{w} = (w_1, w_2)^\top$$

と書き，また両群の式を 1 つにまとめて，**Step 4** は，

$$\max_{\boldsymbol{w},b} M \quad \text{subject to} \quad \frac{t_i(\boldsymbol{w}^\top \boldsymbol{x}_i + b)}{\|\boldsymbol{w}\|} \geq M \quad (i = 1, 2, \cdots, n)$$

と書き換えられます．この式の意味は，$i = 1, 2, \cdots, n$ の全ての i について

$$\frac{t_i(\boldsymbol{w}^\top \boldsymbol{x}_i + b)}{\|\boldsymbol{w}\|} \geq M \tag{3.1}$$

を満たす $\boldsymbol{w}$，b の組合せの中で M（目的関数）を最大にするものを探す，というものです．

ここで，式 (3.1) の両辺を $M(>0)$ で割ると，

$$t_i\left(\frac{\boldsymbol{w}^\top}{M\|\boldsymbol{w}\|}\boldsymbol{x}_i + \frac{b}{M\|\boldsymbol{w}\|}\right) \geq 1$$

となり，さらに

$$\tilde{\boldsymbol{w}} = \frac{\boldsymbol{w}}{M\|\boldsymbol{w}\|} \tag{3.2}$$

$$\tilde{b} = \frac{b}{M\|\boldsymbol{w}\|} \tag{3.3}$$

とおくと，**Step 4** は，次のように表すことができます[1)]．

$$\max_{\tilde{\boldsymbol{w}},\tilde{b}} M \quad \text{subject to} \quad t_i(\tilde{\boldsymbol{w}}^\top \boldsymbol{x}_i + \tilde{b}) \geq 1 \quad (i = 1, 2, \cdots, n)$$

ところが，式 (3.2) から，

$$\|\tilde{\boldsymbol{w}}\| = \sqrt{\tilde{\boldsymbol{w}}^\top \tilde{\boldsymbol{w}}} = \sqrt{\frac{\boldsymbol{w}^\top}{M\|\boldsymbol{w}\|}\frac{\boldsymbol{w}}{M\|\boldsymbol{w}\|}} = \frac{\sqrt{\boldsymbol{w}^\top \boldsymbol{w}}}{M\|\boldsymbol{w}\|} = \frac{\|\boldsymbol{w}\|}{M\|\boldsymbol{w}\|} = \frac{1}{M}$$

$$\therefore \quad M = \frac{1}{\|\tilde{\boldsymbol{w}}\|} \tag{3.4}$$

となるので，**Step 4** は次のように書き直すことができます．

$$\max_{\tilde{\boldsymbol{w}},\tilde{b}} M = \frac{1}{\|\tilde{\boldsymbol{w}}\|} \quad \text{subject to} \quad t_i(\tilde{\boldsymbol{w}}^\top \boldsymbol{x}_i + \tilde{b}) \geq 1 \quad (i = 1, 2, \cdots, n)$$

さらに，ほとんどの場合 $\|\tilde{\boldsymbol{w}}\| \neq 0$ なので，$\|\tilde{\boldsymbol{w}}\| \neq 0$ とすれば，$1/\|\tilde{\boldsymbol{w}}\|$ を最大にする条件と $\|\tilde{\boldsymbol{w}}\|^2/2$ を最小にする条件は同じになり，**Step 4** は結局のところ次の最適化問題に帰着されます．なお，$\tilde{\boldsymbol{w}}, \tilde{b}$ の表記は簡略化のためチルダを外して改めて $\boldsymbol{w}, b$ と表すこととします．

1）なお，$\tilde{\boldsymbol{w}}$ や $\tilde{b}$ の $\tilde{}$ は「チルダ」と呼びます．例えば，$\tilde{b}$ は「b チルダ」です．

ハードマージン線形 SVM の最適化ロジック

$$\min_{\boldsymbol{w},b} \frac{1}{2}\|\boldsymbol{w}\|^2 \quad \text{subject to} \quad t_i(\boldsymbol{w}^\top \boldsymbol{x}_i + b) \geq 1 \quad (i = 1, 2, \cdots, n)$$

なお，この最適化問題の解法は 4.2 節で詳しく説明します．

図 3.1 の点群を学習用データとして，「**ハードマージン線形 SVM による分類最適化のステップ**」で $\boldsymbol{w}$ と b を求めた後，直線

$$\boldsymbol{w}^\top \boldsymbol{x} + b = 0 \quad （実線）$$

$$\boldsymbol{w}^\top \boldsymbol{x} + b = \pm 1 \quad （破線）$$

を描き加えると，**図 3.4** となります．この図では学習用データは■と▲で，テスト用データは＋で表してあります．テスト用データは 1 つも間違えずに分類されていることがわかります．

また ○ で囲んであるデータは分類境界線に最も近いデータで，サポートベクトルと呼ばれます．

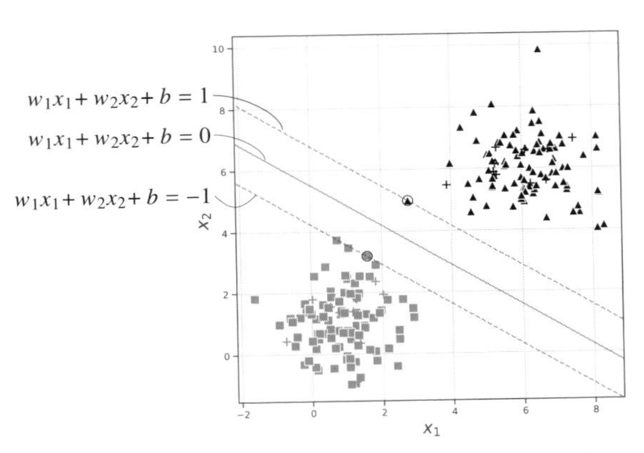

図 3.4 ■ SVM 最適化後の境界線（ハードマージン）

3.1.2　線形ソフトマージン SVM

実際の分類問題では，ハードマージン SVM で分類できることはあまりありません．多くの場合，**図 3.5** のように分類したい点群は多少入り乱れています．

この場合，ハードマージン SVM の最適化問題

$$\min_{\boldsymbol{w},b} \frac{1}{2}\|\boldsymbol{w}\|^2 \quad \text{subject to} \quad t_i(\boldsymbol{w}^\top \boldsymbol{x}_i + b) \geq 1 \quad (i = 1, 2, \cdots, n)$$

の制約条件 $t_i(\boldsymbol{w}^\top \boldsymbol{x}_i + b) \geq 1$ の右辺を 1 から $1 - \xi_i$ （$\xi_i \geq 0$）に変えることで，点 $\boldsymbol{x}_i$ がマージンから ξ_i だけ内側に存在することを許します．このようなロジックを実装した分類モデルを，**ソフトマージン SVM** といいます．

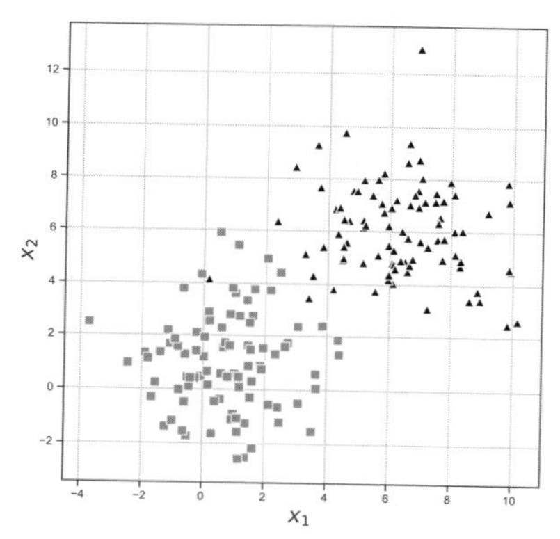

図 3.5 ■ ハードマージン SVM では分類できない 2 つの点群

ソフトマージン線形 SVM の最適化ロジック

$$\min_{\boldsymbol{w},b,\boldsymbol{\xi}} \frac{1}{2}\|\boldsymbol{w}\|^2 + C\sum_{i=1}^{n} \xi_i$$

$$\text{subject to} \quad t_i(\boldsymbol{w}^\top \boldsymbol{x}_i + b) \geq 1 - \xi_i, \quad \xi_i \geq 0 \quad (i = 1, 2, \ldots, n)$$

ここで，$\boldsymbol{\xi} = (\xi_1, \xi_2, \cdots \xi_n)^\top$ は学習用データ $\boldsymbol{x}_i$ が「マージンの内側にはみ出すのを許容する度合い」で，この値も SVM を最適化する際のパラメータとな

ります．特に$\xi_i > 1$の場合は，学習用データがマージンの内側，さらには分類境界線を越えて反対の領域に存在することも許容することになります．そこで，目的関数に$C\sum_{i=1}^{n}\xi_i$を加えて，「制約条件は甘くするが，ほどほどにしておけ」という感じでξ_iが過大になることへの抑制を与えます．

ここで，$C\sum_{i=1}^{n}\xi_i$の意味に触れておきます．Cが小さいほどξ_iは大きくできるので，制約条件は甘くなります．つまり，学習用データがマージンの内側からさらに分類境界線を越えて反対の領域に存在することも許容することになります．逆に，Cが大きいほどξ_iはなかなか大きくなれず，制約条件は厳しくなります．つまり，学習用データがマージンの内側や分類境界線を越えて反対の領域に存在することが抑制されます．そして，Cが∞になると，もはや$\sum_{i=1}^{n}\xi_i$は0にせざるを得ず，ハードマージンと同じになります．このパラメータCのことをコストパラメータといい，SVMの性能を決める大事なハイパーパラメータです．

ξ_iとマージン・分類境界線との関係を図で表すと**図 3.6**のようになります．この図ではi番目のデータ$\boldsymbol{x}_i$は$t_i = 1$なので，

$$\boldsymbol{w}^\top \boldsymbol{x}_i + b = 1 - \xi_i \tag{3.5}$$

という直線上にあり，またj番目のデータ$\boldsymbol{x}_j$は$t_j = -1$なので，

$$-(\boldsymbol{w}^\top \boldsymbol{x}_j + b) = 1 - \xi_j \qquad \therefore \quad \boldsymbol{w}^\top \boldsymbol{x}_j + b = -1 + \xi_j \tag{3.6}$$

という直線上にあるとしています．

実際に図 3.5の点群を学習用データとしてソフトマージン線形SVMの最適化ロジックで$\boldsymbol{w}$，bとを求めた後，直線

$$\boldsymbol{w}^\top \boldsymbol{x} + b = 0 \quad \text{（実線）}$$

$$\boldsymbol{w}^\top \boldsymbol{x} + b = \pm 1 \quad \text{（破線）}$$

を描き加えると，**図 3.7**(a)（$C = 10$），**図 3.7**(b)（$C = 0.1$）となります．この図では学習用データは▲と■で，テスト用データは＋で表してあります．また，マージンの内側や分類境界線を越えて反対の領域に存在する学習用データは○で囲んであります．

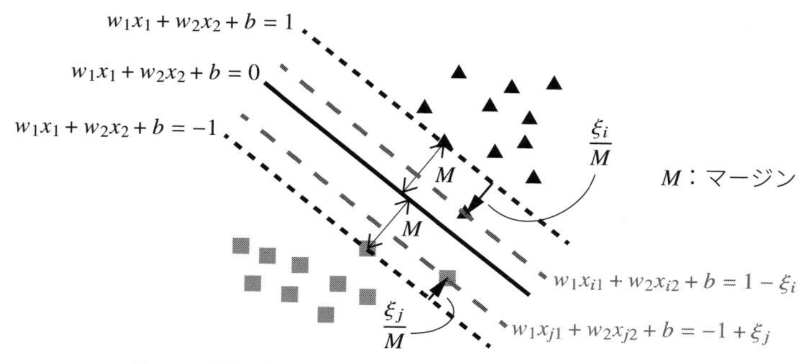

図 3.6 ■ 分類境界線とマージン（ソフトマージン）

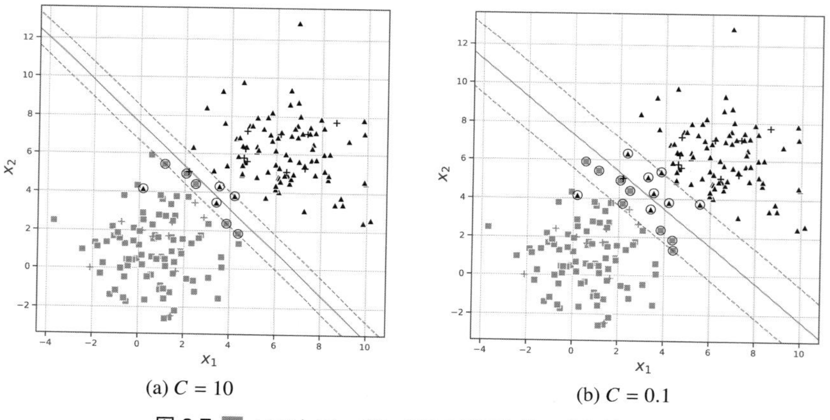

図 3.7 ■ ソフトマージン SVM 最適化後の分類境界線

3.2 線形SVMの最適化

前節では，線形SVMのアルゴリズムについて説明しました．そこでは，「マージン」を最大にする分類境界を探すための最適化問題を数式で表すところまで説明しました．本節では，その最適化問題を実際に解く方法について述べることにします．その方法とは，制約条件のもとである関数を最大（または最小）にする条件を求める際に利用される数学的手法である，ラグランジュの未定乗数法です．まず，制約条件が等式で与えられる場合について述べ，続いて，制約条件が不等式で与えられる場合（KKT条件を用いた解法）にも言及します．

3.2.1 ラグランジュの未定乗数法

■ ラグランジュの未定乗数法

n 変数 $\boldsymbol{x} = (x_1, x_2, \cdots, x_n)$ の関数 $f(\boldsymbol{x})$ の最大値（最小値）を

$$g(\boldsymbol{x}) = 0$$

という制約条件のもとで求めることを考えましょう．このような問題は，等式制約条件付き最大値（最小値）問題と呼びます．この問題を数学的には，次のように書きます．

$$\max f(\boldsymbol{x}) \quad \text{subject to} \quad g(\boldsymbol{x}) = 0$$
$$(\min f(\boldsymbol{x}) \quad \text{subject to} \quad g(\boldsymbol{x}) = 0)$$

この問題を解くには，**ラグランジュの未定乗数法**が役に立ちます．

ラグランジュの未定乗数法は，次のようなものです．

まず，次の関数 $L(\boldsymbol{x}, \lambda)$ を定義します．

$$L(\boldsymbol{x}, \lambda) = f(\boldsymbol{x}) + \lambda g(\boldsymbol{x}) \tag{3.7}$$

この $L(\boldsymbol{x}, \lambda)$ をラグランジュ関数といいます．ここで出てくる記号 λ は，**ラグ**

ランジュの未定乗数と呼ばれる，文字どおり値が未定の数です．関数 $f(\boldsymbol{x})$ に最大値（最小値）を与える $\boldsymbol{x}, \lambda$ の組合せの候補を求めるのが，ラグランジュの未定乗数法です（本来は「極値」について候補を与えるものです）．

すると，制約条件 $g(\boldsymbol{x}) = 0$ のもとでの関数 $f(\boldsymbol{x})$ が最大値（最小値）をとる点では，2.4.5 項で説明した偏微分を利用して，

$$\frac{\partial L(\boldsymbol{x}, \lambda)}{\partial \boldsymbol{x}} = \begin{pmatrix} \frac{\partial L(\boldsymbol{x},\lambda)}{\partial x_1} \\ \frac{\partial L(\boldsymbol{x},\lambda)}{\partial x_2} \\ \vdots \\ \frac{\partial L(\boldsymbol{x},\lambda)}{\partial x_n} \end{pmatrix} = \begin{pmatrix} \frac{\partial f(\boldsymbol{x})}{\partial x_1} + \lambda \frac{\partial g(\boldsymbol{x})}{\partial x_1} \\ \frac{\partial f(\boldsymbol{x})}{\partial x_2} + \lambda \frac{\partial g(\boldsymbol{x})}{\partial x_2} \\ \vdots \\ \frac{\partial f(\boldsymbol{x})}{\partial x_n} + \lambda \frac{\partial g(\boldsymbol{x})}{\partial x_n} \end{pmatrix} = \begin{pmatrix} 0 \\ 0 \\ \vdots \\ 0 \end{pmatrix} \tag{3.8}$$

かつ

$$\frac{\partial L(\boldsymbol{x}, \lambda)}{\partial \lambda} = 0 \tag{3.9}$$

であることが必要条件です（この理由については後で触れます）．なお，式 (3.9) から

$$g(\boldsymbol{x}) = 0$$

が得られますが，これは制約条件に一致します．

式 (3.8) と式 (3.9) を連立させて解き，得られた $\boldsymbol{x}$ が，求める最大値（最小値）を与える点の候補となります．ただし，あくまで候補ですので，最大値なのか最小値なのかを確認する必要があります．1 変数関数では，2.4.2 項で解説した増減表を使って確認することができますが，多変数関数では，2 次導関数からなるヘッセ行列というものを作り，それが正定値行列かどうかを調べることになります（これについては，本書の程度を超えるので割愛します）．

制約条件が複数ある場合，すなわち，n 変数 $\boldsymbol{x} = (x_1, x_2, \cdots, x_n)$ の関数 $f(\boldsymbol{x})$ の最大値（最小値）を

$$g_i(\boldsymbol{x}) = 0 \quad (i = 1, 2, \cdots, m)$$

という m 個の制約条件のもとで求める場合は，ラグランジュ関数

$$L(\boldsymbol{x}, \boldsymbol{\lambda}) = f(\boldsymbol{x}) + \sum_{i=1}^{m} \lambda_i g_i(\boldsymbol{x}) \tag{3.10}$$

を用意して（$\boldsymbol{\lambda}$ は m 次元ベクトル），

$$\frac{\partial L(\boldsymbol{x}, \boldsymbol{\lambda})}{\partial \boldsymbol{x}} = \begin{pmatrix} \frac{\partial L(\boldsymbol{x},\boldsymbol{\lambda})}{\partial x_1} \\ \frac{\partial L(\boldsymbol{x},\boldsymbol{\lambda})}{\partial x_2} \\ \vdots \\ \frac{\partial L(\boldsymbol{x},\boldsymbol{\lambda})}{\partial x_n} \end{pmatrix} = \begin{pmatrix} \frac{\partial f(\boldsymbol{x})}{\partial x_1} + \sum_{i=1}^{m} \lambda_i \frac{\partial g_i(\boldsymbol{x})}{\partial x_1} \\ \frac{\partial f(\boldsymbol{x})}{\partial x_2} + \sum_{i=1}^{m} \lambda_i \frac{\partial g_i(\boldsymbol{x})}{\partial x_2} \\ \vdots \\ \frac{\partial f(\boldsymbol{x})}{\partial x_n} + \sum_{i=1}^{m} \lambda_i \frac{\partial g_i(\boldsymbol{x})}{\partial x_n} \end{pmatrix} = \begin{pmatrix} 0 \\ 0 \\ \vdots \\ 0 \end{pmatrix} \tag{3.11}$$

かつ

$$\frac{\partial L(\boldsymbol{x}, \boldsymbol{\lambda})}{\partial \boldsymbol{\lambda}} = \begin{pmatrix} 0 \\ 0 \\ \vdots \\ 0 \end{pmatrix} \tag{3.12}$$

という条件から関数 $f(\boldsymbol{x})$ が最大値（最小値）をとる点の候補を求めます．なお，式 (3.12) から

$$\begin{pmatrix} g_1(\boldsymbol{x}) \\ g_2(\boldsymbol{x}) \\ \vdots \\ g_m(\boldsymbol{x}) \end{pmatrix} = 0$$

が得られますが，これは制約条件に一致します．

■ 1 つの等式制約のもとでの最大値・最小値問題

ここで，1 つの等式制約の場合について具体例を見ていきましょう．

$$f(x, y) = 3xy \tag{3.13}$$

の最大値・最小値を，制約条件

$$g(x, y) = x^2 + y^2 - 4 = 0 \tag{3.14}$$

のもとで求めてみます．

ラグランジュ関数は次のようになります．

$$\begin{aligned} L(x,y,\lambda) &= f(x,y) + \lambda g(x,y) \\ &= 3xy + \lambda(x^2 + y^2 - 4) \end{aligned} \tag{3.15}$$

すると，制約条件 (3.14) のもとで関数 (3.13) が最大値（最小値）をとる点では

$$\begin{pmatrix} \frac{\partial L(x,y,\lambda)}{\partial x} \\ \frac{\partial L(x,y,\lambda)}{\partial y} \end{pmatrix} = \begin{pmatrix} \frac{\partial f(x,y)}{\partial x} + \lambda \frac{\partial g(x,y)}{\partial x} \\ \frac{\partial f(x,y)}{\partial y} + \lambda \frac{\partial g(x,y)}{\partial y} \end{pmatrix} = \begin{pmatrix} 0 \\ 0 \end{pmatrix}$$

$$\therefore \quad \begin{pmatrix} \frac{\partial(3xy)}{\partial x} + \lambda \frac{\partial(x^2+y^2-4)}{\partial x} \\ \frac{\partial(3xy)}{\partial y} + \lambda \frac{\partial(x^2+y^2-4)}{\partial y} \end{pmatrix} = \begin{pmatrix} 0 \\ 0 \end{pmatrix}$$

$$\therefore \quad \begin{pmatrix} 3y + 2\lambda x \\ 3x + 2\lambda y \end{pmatrix} = \begin{pmatrix} 0 \\ 0 \end{pmatrix} \tag{3.16}$$

かつ

$$\frac{\partial L(x,y,\lambda)}{\partial \lambda} = x^2 + y^2 - 4 = 0 \tag{3.17}$$

が必要です．

制約条件 (3.14) から $x \neq 0$ または $y \neq 0$ が必要で，かつ式 (3.16) から

$$3y = -2\lambda x \tag{3.18}$$

$$3x = -2\lambda y \tag{3.19}$$

を得て，$x \neq 0$ かつ $y \neq 0$ が必要となります．したがって，この 2 式から λ を消去できて，

$$x^2 = y^2$$

これと (3.17) から

$$y^2 = 2 \qquad \therefore \quad y = \pm\sqrt{2}, \quad x = \pm\sqrt{y^2} = \pm\sqrt{2}$$

この x, y を式 (3.18), (3.19) に入れて，λ の値と最大値（最小値）の候補点となる点，その点における $f(x,y)$ の値は，次のようになります．

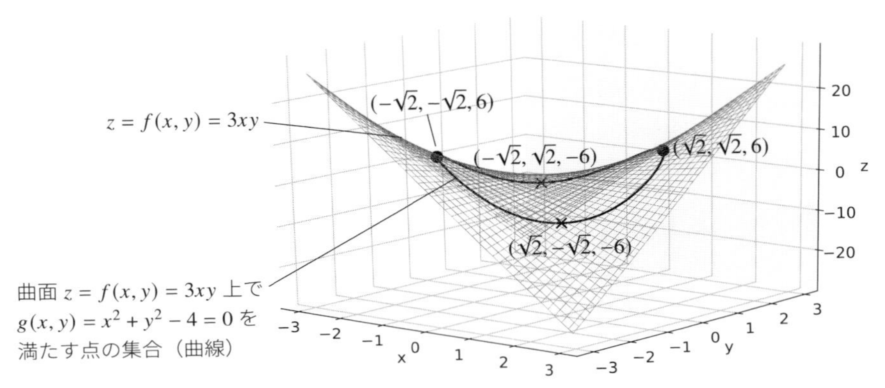

図 3.8 ■ ラグランジュの未定乗数法で見つかった最大値（最小値）をとる点の候補

$$(\lambda, x, y) = \left(-\frac{3}{2}, \sqrt{2}, \sqrt{2}\right) \quad \Rightarrow \quad f(\sqrt{2}, \sqrt{2}) = 6 \qquad ①$$

$$(\lambda, x, y) = \left(-\frac{3}{2}, -\sqrt{2}, -\sqrt{2}\right) \quad \Rightarrow \quad f(-\sqrt{2}, -\sqrt{2}) = 6 \qquad ②$$

$$(\lambda, x, y) = \left(\frac{3}{2}, -\sqrt{2}, \sqrt{2}\right) \quad \Rightarrow \quad f(-\sqrt{2}, \sqrt{2}) = -6 \qquad ③$$

$$(\lambda, x, y) = \left(\frac{3}{2}, \sqrt{2}, -\sqrt{2}\right) \quad \Rightarrow \quad f(\sqrt{2}, -\sqrt{2}) = -6 \qquad ④$$

ラグランジュの未定乗数法で求められるのは最大値（最小値）を与える点の候補ですが，①，②から最大値は 6，③，④から最小値は −6 であることが推察されます．実際

$$z = 3xy$$

として，この曲面を 3 次元で図示し，さらに制約条件を満たす点集合である曲線も描いてみると**図 3.8** のようになり，最大値は 6，最小値は −6 として良さそうです．

■ 複数の等式制約のもとでの最大値・最小値問題

2 つの等式制約の場合について，具体例を見ていきましょう．

$$f(x, y, z) = x^2 + y^2 + z^2 \tag{3.20}$$

の最大値・最小値を，制約条件

$$g_1(x, y, z) = x^2 + y^2 - z^2 = 0 \tag{3.21}$$

および

$$g_2(x, y, z) = x - 2z - 3 = 0 \tag{3.22}$$

のもとで求めてみます．

ラグランジュ関数は次のようになります．

$$\begin{aligned} L(x, y, z, \lambda_1, \lambda_2) &= f(x, y, z) + \lambda_1 g_1(x, y, z) + \lambda_2 g_2(x, y, z) \\ &= x^2 + y^2 + z^2 + \lambda_1(x^2 + y^2 - z^2) + \lambda_2(x - 2z - 3) \end{aligned} \tag{3.23}$$

すると，制約条件 (3.21)，(3.22) のもとで関数 (3.20) が最大値（最小値）をとる点では

$$\begin{pmatrix} \frac{\partial L(x,y,z,\lambda_1,\lambda_2)}{\partial x} \\ \frac{\partial L(x,y,z,\lambda_1,\lambda_2)}{\partial y} \\ \frac{\partial L(x,y,z,\lambda_1,\lambda_2)}{\partial z} \end{pmatrix} = \begin{pmatrix} \frac{\partial f(x,y,z)}{\partial x} + \lambda_1 \frac{\partial g_1(x,y,z)}{\partial x} + \lambda_2 \frac{\partial g_2(x,y,z)}{\partial x} \\ \frac{\partial f(x,y,z)}{\partial y} + \lambda_1 \frac{\partial g_1(x,y,z)}{\partial y} + \lambda_2 \frac{\partial g_2(x,y,z)}{\partial y} \\ \frac{\partial f(x,y,z)}{\partial z} + \lambda_1 \frac{\partial g_1(x,y,z)}{\partial z} + \lambda_2 \frac{\partial g_2(x,y,z)}{\partial z} \end{pmatrix} = \begin{pmatrix} 0 \\ 0 \\ 0 \end{pmatrix}$$

$$\therefore \begin{pmatrix} \frac{\partial(x^2+y^2+z^2)}{\partial x} + \lambda_1 \frac{\partial(x^2+y^2-z^2)}{\partial x} + \lambda_2 \frac{\partial(x-2z-3)}{\partial x} \\ \frac{\partial(x^2+y^2+z^2)}{\partial y} + \lambda_1 \frac{\partial(x^2+y^2-z^2)}{\partial y} + \lambda_2 \frac{\partial(x-2z-3)}{\partial y} \\ \frac{\partial(x^2+y^2+z^2)}{\partial z} + \lambda_1 \frac{\partial(x^2+y^2-z^2)}{\partial z} + \lambda_2 \frac{\partial(x-2z-3)}{\partial z} \end{pmatrix} = \begin{pmatrix} 0 \\ 0 \\ 0 \end{pmatrix}$$

$$\therefore \begin{pmatrix} 2x + 2\lambda_1 x + \lambda_2 \\ 2y + 2\lambda_1 y \\ 2z - 2\lambda_1 z - 2\lambda_2 \end{pmatrix} = \begin{pmatrix} 0 \\ 0 \\ 0 \end{pmatrix} \tag{3.24}$$

かつ

$$\begin{pmatrix} \frac{\partial L(x,y,z,\lambda_1,\lambda_2)}{\partial \lambda_1} \\ \frac{\partial L(x,y,z,\lambda_1,\lambda_2)}{\partial \lambda_2} \end{pmatrix} = \begin{pmatrix} x^2 + y^2 - z^2 \\ x - 2z - 3 \end{pmatrix} = \begin{pmatrix} 0 \\ 0 \end{pmatrix} \tag{3.25}$$

が必要です．これを解いて最大値（最小値）の候補点となる点，その点における $f(x, y, z)$ の値は，次のようになります．

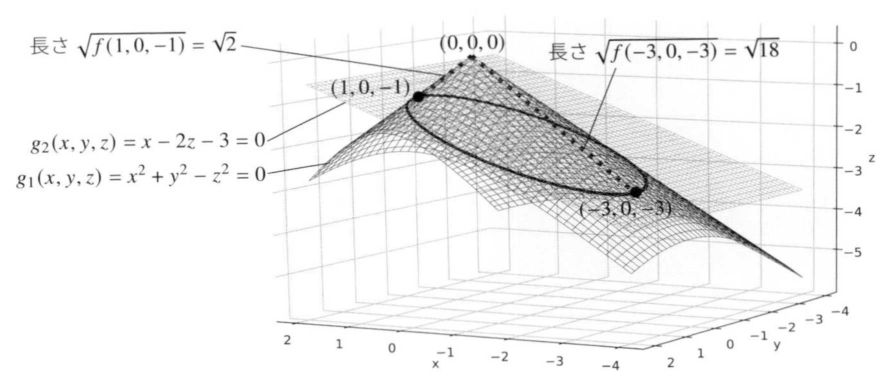

図 3.9 ■ ラグランジュの未定乗数法で見つかった最大値（最小値）をとる点の候補と原点から引いた線分（破線）

$$(\lambda_1, \lambda_2, x, y, z) = (-3, -12, -3, 0, -3) \quad \Rightarrow \quad f(-3, 0, -3) = 18 \qquad ①$$

$$(\lambda_1, \lambda_2, x, y, z) = \left(-\frac{1}{3}, -\frac{4}{3}, 1, 0, -1\right) \quad \Rightarrow \quad f(1, 0, -1) = 2 \qquad ②$$

ラグランジュの未定乗数法で求められるのは最大値（最小値）を与える点の候補ですが，①から最大値は 18，②から最小値は 2 であることが推察されます．

実際，$f(x, y, z)$ は原点から点 (x, y, z) までの距離の 2 乗であることに注意して，2 つの制約条件を満たす点集合である曲線を図に表してみると，**図 3.9** のようになり，$(x, y, z) = (-3, 0, -3)$ で 最大値は 18，$(x, y, z) = (1, 0, -1)$ で最小値は 2 として良さそうです．

■ ラグランジュの未定乗数法で最大値・最小値候補が得られる理由

ここまで，ラグランジュの未定乗数法で最大値・最小値の候補を探す例を紹介してきました．ここでは，なぜこの方法で最大値・最小値の候補を探せるのかを見ていきます．

n 変数 $\boldsymbol{x} = (x_1, x_2, \cdots, x_n)$ の関数 $f(\boldsymbol{x})$ の最大値・最小値を

$$g(\boldsymbol{x}) = 0 \qquad (3.26)$$

という等式制約条件のもとで求めることを考えます．

まず，制約条件 (3.26) は，$(n-1)$ 次元空間の曲面を表します．例えば，$n = 3$

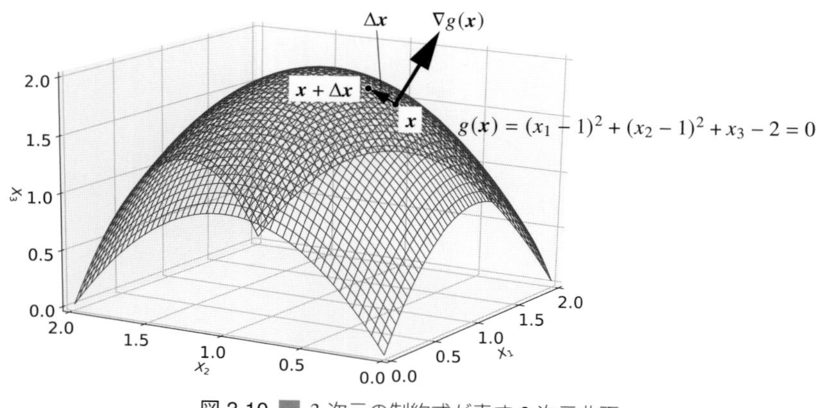

図 3.10 ■ 3 次元の制約式が表す 2 次元曲面

のときに $g(\boldsymbol{x}) = x^2 + y^2 + z^2 - 1$ とすると，$g(\boldsymbol{x}) = 0$ は原点を中心とする半径 1 の球面を表します．これは，原点と球面上の点 (x, y, z) の距離 $\sqrt{x^2 + y^2 + z^2}$ が常に 1 であることからわかると思います．また，**図 3.10** は

$$g(\boldsymbol{x}) = (x_1 - 1)^2 + (x_2 - 1)^2 + x_3 - 2 = 0$$

という 3 次元制約式が表す 2 次元の曲面（放物面）です．この式を $x_3 = 2 - \{(x_1 - 1)^2 + (x_2 - 1)^2\}$ とするとわかるように，2 点 $(x_1, x_2, 0)$，$(1, 1, 0)$ の距離の 2 乗を 2 から引いた値が x_3 になるような点 (x_1, x_2, x_3) の集合です．

制約式の表す曲面を，以下では制約曲面と呼びます．制約曲面上の近接する 2 点の位置ベクトルを

$$\begin{aligned}
\boldsymbol{x} &= (x_1, x_2, \cdots, x_n)^\top \\
\boldsymbol{x} + \Delta\boldsymbol{x} &= (x_1, x_2, \cdots, x_n)^\top + (\Delta x_1, \Delta x_2, \cdots, \Delta x_n)^\top \\
&= (x_1 + \Delta x_1, x_2 + \Delta x_2, \cdots, x_n + \Delta x_n)^\top
\end{aligned}$$

とすると（$\|\Delta\boldsymbol{x}\|$ は $\|\boldsymbol{x}\|$ と比べて十分に小さいものとします），テイラー展開により，次の関係が得られます．

$$g(\boldsymbol{x} + \Delta\boldsymbol{x}) \simeq g(\boldsymbol{x}) + \left(\frac{\partial g(\boldsymbol{x})}{\partial x_1}\Delta x_1 + \frac{\partial g(\boldsymbol{x})}{\partial x_2}\Delta x_2 + \cdots + \frac{\partial g(\boldsymbol{x})}{\partial x_n}\Delta x_n\right) \tag{3.27}$$

ここで，$g(\boldsymbol{x})$ について勾配ベクトル

$$\nabla g(\boldsymbol{x}) = \left(\frac{\partial g(\boldsymbol{x})}{\partial x_1}, \frac{\partial g(\boldsymbol{x})}{\partial x_2}, \cdots, \frac{\partial g(\boldsymbol{x})}{\partial x_n}\right)^\top \tag{3.28}$$

を考えます．すると式 (3.27) は，次のように書くことができます．

$$g(\boldsymbol{x} + \Delta\boldsymbol{x}) \simeq g(\boldsymbol{x}) + \Delta\boldsymbol{x}^\top \nabla g(\boldsymbol{x}) \tag{3.29}$$

ところで，$\boldsymbol{x}$ も $\boldsymbol{x} + \Delta\boldsymbol{x}$ も制約曲面上の点であることから，

$$g(\boldsymbol{x}) = g(\boldsymbol{x} + \Delta\boldsymbol{x}) = 0$$

であり，この式と式 (3.29) より，次の式が得られます．

$$\Delta\boldsymbol{x}^\top \nabla g(\boldsymbol{x}) \simeq 0$$

実際，$\|\Delta\boldsymbol{x}\| \to 0$ という極限では

$$\Delta\boldsymbol{x}^\top \nabla g(\boldsymbol{x}) = 0$$

となり，またベクトル $\Delta\boldsymbol{x}$ は制約曲面の $\boldsymbol{x}$ における接平面上のベクトルになるので，勾配ベクトル $\nabla g(\boldsymbol{x})$ は制約曲面に対して垂直です．

一方，関数 $f(\boldsymbol{x})$ が制約曲面上で最大値・最小値をとる点 $\boldsymbol{x}^*$ においては，

$$\nabla f(\boldsymbol{x}^*) = \left(\frac{\partial f(\boldsymbol{x}^*)}{\partial x_1}, \frac{\partial f(\boldsymbol{x}^*)}{\partial x_2}, \cdots, \frac{\partial f(\boldsymbol{x}^*)}{\partial x_n}\right)^\top$$

も制約曲面に垂直でなければなりません．さもないと制約曲面上に $f(\boldsymbol{x})$ の勾配ベクトルの成分が発生し，制約曲面上で関数 $f(\boldsymbol{x})$ の値をもっと大きくしたり小さくしたりすることができてしまうからです．

以上から関数 $f(\boldsymbol{x})$ を制約曲面上で最大化・最小化する点 $\boldsymbol{x}^*$ においては，$\nabla f(\boldsymbol{x}^*)$ と $\nabla g(\boldsymbol{x}^*)$ はともに制約曲面に垂直，つまり，$\nabla f(\boldsymbol{x}^*)$ と $\nabla g(\boldsymbol{x}^*)$ は平行なベクトルであることがわかります．ベクトルが平行である条件は，一方が他方のスカラー倍であることなので，式で表すと $\lambda \neq 0$ を満たす定数を使って

$$\nabla f(\boldsymbol{x}^*) = -\lambda \nabla g(\boldsymbol{x}^*) \qquad \therefore \quad \nabla f(\boldsymbol{x}^*) + \lambda \nabla g(\boldsymbol{x}^*) = 0 \tag{3.30}$$

となります．**図 3.11** は $f(\boldsymbol{x}^*) = k$ とし，点 $\boldsymbol{x} = \boldsymbol{x}^*$ を通る曲面 $f(\boldsymbol{x}) = k$ とその近くの曲面 $f(\boldsymbol{x}) = k + \Delta k$，$f(\boldsymbol{x}) = k - \Delta k$，さらに勾配ベクトル $\nabla f(\boldsymbol{x}^*)$，

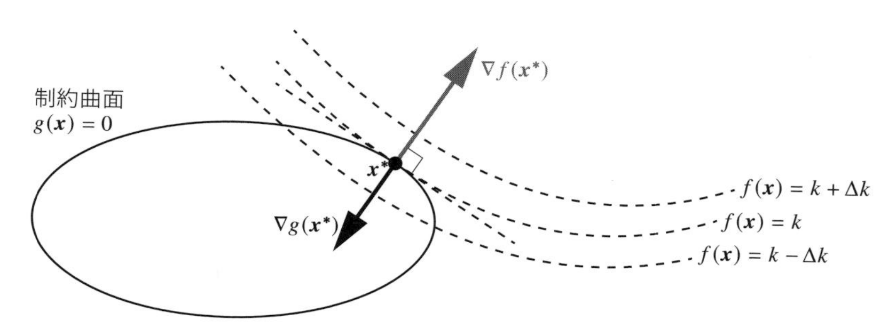

図 3.11 ■ 勾配ベクトルと制約曲面

$\nabla g(\boldsymbol{x}^*)$ の様子を 2 次元の断面で見たところです．$g(\boldsymbol{x}) = 0$ 上を動き回る点 $\boldsymbol{x}$ が $f(\boldsymbol{x})$ に最大値を与える点 $\boldsymbol{x}^*$ となるためには，図 3.11 のように，$\nabla f(\boldsymbol{x}^*)$ と $\nabla g(\boldsymbol{x}^*)$ が平行なベクトルであることが必要です．

さて，ここでラグランジュ関数

$$L(\boldsymbol{x}, \lambda) = f(\boldsymbol{x}) + \lambda g(\boldsymbol{x}) \tag{3.31}$$

を導入すると，式 (3.30) は，

$$\frac{\partial L(\boldsymbol{x}, \lambda)}{\partial x_i} = 0 \quad (i = 1, 2, \cdots, n) \tag{3.32}$$

に，また制約式 $g(\boldsymbol{x}) = 0$ は，

$$\frac{\partial L(\boldsymbol{x}, \lambda)}{\partial \lambda} = 0 \tag{3.33}$$

に置き換えられます．この $(n+1)$ 本の式を解くことで，最大値・最小値を与える候補点 $\boldsymbol{x}^*$ と，そのときの λ の値が得られることとなります．

3.2.2 KKT 条件

前項では等式制約のもとでの関数の最大値・最小値問題を考えました．そこで使ったラグランジュの未定乗数法に追加の条件を加えた「KKT 条件」を用いて，不等式制約のもとでの関数の最大値・最小値問題の解法が得られます．

■ KKT 条件とは何か

n 変数 $\boldsymbol{x} = (x_1, x_2, \cdots, x_n)$ の関数 $f(\boldsymbol{x})$ の最大値を

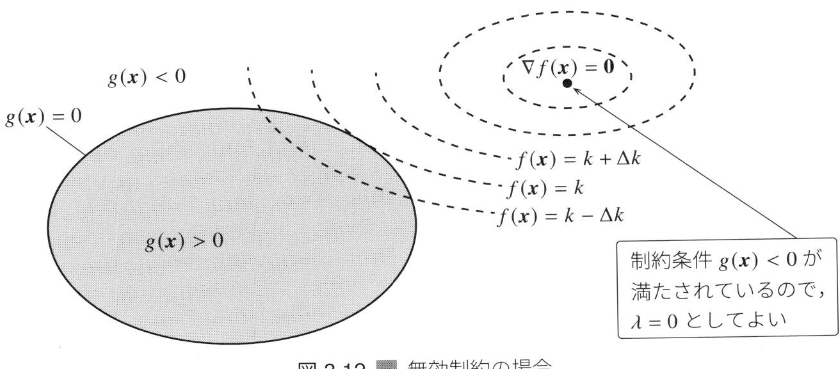

図 3.12 ■ 無効制約の場合

$$g(\boldsymbol{x}) \leq 0$$

という制約条件のもとで求めることを考えます．前項と同様，この問題を数学的に書くと，次のようになります．

$$\max f(\boldsymbol{x}) \quad \text{subject to} \quad g(\boldsymbol{x}) \leq 0$$

まず，ラグランジュ関数

$$L(\boldsymbol{x}, \lambda) = f(\boldsymbol{x}) + \lambda g(\boldsymbol{x}) \tag{3.34}$$

を導入すると，$\nabla f(\boldsymbol{x}) = \boldsymbol{0}$ を満たす $\boldsymbol{x}$ が $g(\boldsymbol{x}) < 0$ を満たす領域にあれば，制約は無視してよい（無効制約といいます）ので $\lambda = 0$ とします（**図 3.12**）．

一方，$\nabla f(\boldsymbol{x}) = \boldsymbol{0}$ を満たす $\boldsymbol{x}$ が $g(\boldsymbol{x}) < 0$ を満たさない場合，解は $g(\boldsymbol{x}) = 0$ 上に存在します（**図 3.13**）．この場合，$\lambda \neq 0$ を満たす λ が存在し，次の式が成立します．

$$\nabla f(\boldsymbol{x}) + \lambda \nabla g(\boldsymbol{x}) = 0 \tag{3.35}$$

式 (3.35) の λ は，3.2.1 項で説明したラグランジュの未定乗数です．

以上のように，不等式制約において最大値をとる点では，λ か $g(\boldsymbol{x})$ のどちらかが 0 であることがわかりますが，このことは次の式で表すことができます．

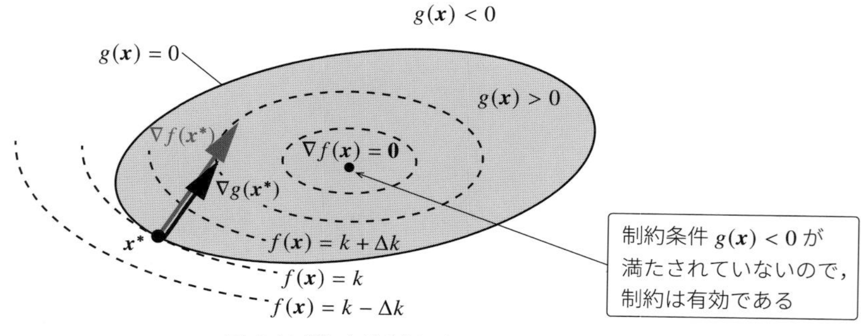

図 3.13 有効制約（最大値問題）の場合

$$\lambda g(\boldsymbol{x}) = 0 \tag{3.36}$$

なお，λ の符号については，等式制約の場合と比べて少し考察を要します．式 (3.35) を

$$\nabla f(\boldsymbol{x}) = -\lambda \nabla g(\boldsymbol{x})$$

と変形するとわかるように，$\lambda > 0$ の場合は，勾配ベクトル $\nabla f(\boldsymbol{x})$ と $\nabla g(\boldsymbol{x})$ が互いに逆向きであり，$\lambda < 0$ の場合は，$\nabla f(\boldsymbol{x})$ と $\nabla g(\boldsymbol{x})$ が同じ向きです．最大値を与える点 $\boldsymbol{x}^*$ が $g(\boldsymbol{x}) = 0$ 上に存在する場合，$\nabla g(\boldsymbol{x}^*)$ と逆向き，すなわち $g(\boldsymbol{x}) < 0$ の領域に向かう向きに $\boldsymbol{x}$ が移動したら，$f(\boldsymbol{x})$ の値は小さくならないといけません．もし $f(\boldsymbol{x})$ の値が大きくなるならば，$f(\boldsymbol{x}^*)$ より大きい $f(\boldsymbol{x})$ が制約条件を満たすことになり，もはや $f(\boldsymbol{x}^*)$ は最大値ではなくなります．つまりこのとき，$\nabla f(\boldsymbol{x}^*)$ と $\nabla g(\boldsymbol{x}^*)$ は同じ向きとなります（図 3.13）．

これより，関数 $f(\boldsymbol{x})$ の 最大値 を，不等式制約条件

$$g(\boldsymbol{x}) \leq 0 \tag{3.37}$$

のもとで求める場合には，$\lambda \leq 0$ が必要となります．一方，関数 $f(\boldsymbol{x})$ の 最小値 を，不等式制約条件 (3.37) のもとで求める場合には，図 3.13 と異なり，$\nabla f(\boldsymbol{x}^*)$ と $\nabla g(\boldsymbol{x}^*)$ は逆向きになるため，$\lambda \geq 0$ が必要となります．さらに制約式 $g(\boldsymbol{x}) = 0$ は，

$$\frac{\partial L(\boldsymbol{x}, \lambda)}{\partial \lambda} = 0 \tag{3.38}$$

に置き換えられます.

以上のように，不等式制約の場合の最大値・最小値問題は，$\lambda = 0$であるか，さもなければ等式制約の場合に帰着されます．この必要条件を列挙したのが KKT 条件です.

以上の内容を整理すると，制約条件 $g(\boldsymbol{x}) \leq 0$ のもとでの関数 $f(\boldsymbol{x})$ が最大値をとる点では，次の 4 つの条件が必要となります.

$$\frac{\partial L(\boldsymbol{x},\lambda)}{\partial \boldsymbol{x}} = \begin{pmatrix} \frac{\partial L(\boldsymbol{x},\lambda)}{\partial x_1} \\ \frac{\partial L(\boldsymbol{x},\lambda)}{\partial x_2} \\ \vdots \\ \frac{\partial L(\boldsymbol{x},\lambda)}{\partial x_n} \end{pmatrix} = \begin{pmatrix} \frac{\partial f(\boldsymbol{x})}{\partial x_1} + \lambda \frac{\partial g(\boldsymbol{x})}{\partial x_1} \\ \frac{\partial f(\boldsymbol{x})}{\partial x_2} + \lambda \frac{\partial g(\boldsymbol{x})}{\partial x_2} \\ \vdots \\ \frac{\partial f(\boldsymbol{x})}{\partial x_n} + \lambda \frac{\partial g(\boldsymbol{x})}{\partial x_n} \end{pmatrix} = \begin{pmatrix} 0 \\ 0 \\ \vdots \\ 0 \end{pmatrix} \tag{3.39}$$

$$\frac{\partial L(\boldsymbol{x},\lambda)}{\partial \lambda} = g(\boldsymbol{x}) \leq 0 \tag{3.40}$$

$$\lambda \leq 0 \tag{3.41}$$

$$\lambda g(\boldsymbol{x}) = 0 \tag{3.42}$$

この 4 つの条件を **Karush–Kuhn–Tucker 条件（KKT 条件）** といいます.
なお，最小値問題では，式 (3.41) は $\lambda \geq 0$ に差し替えます.

■ 不等式制約のもとでの最大値・最小値問題

ここで，1 つの不等式制約の場合について具体例を見ていきましょう.

$$f(x,y) = x^2 + 6xy + y^2 \tag{3.43}$$

の最大値・最小値を，制約条件

$$g(x,y) = x^2 + y^2 - 4 \leq 0 \tag{3.44}$$

のもとで求めてみます.

ラグランジュ関数は次のようになります.

$$\begin{aligned} L(x,y,\lambda) &= f(x,y) + \lambda g(x,y) \\ &= x^2 + 6xy + y^2 + \lambda(x^2 + y^2 - 4) \end{aligned} \tag{3.45}$$

すると，制約条件 (3.44) のもとで関数 (3.43) が最大値・最小値をとる点では，KKT 条件，すなわち次の 4 つの条件が必要です.

$$\begin{pmatrix} \frac{\partial L(x,y,\lambda)}{\partial x} \\ \frac{\partial L(x,y,\lambda)}{\partial y} \end{pmatrix} = \begin{pmatrix} \frac{\partial f(x,y)}{\partial x} + \lambda \frac{\partial g(x,y)}{\partial x} \\ \frac{\partial f(x,y)}{\partial y} + \lambda \frac{\partial g(x,y)}{\partial y} \end{pmatrix} = \begin{pmatrix} 0 \\ 0 \end{pmatrix}$$

$$\therefore \quad \begin{pmatrix} \frac{\partial(x^2+6xy+y^2)}{\partial x} + \lambda \frac{\partial(x^2+y^2-4)}{\partial x} \\ \frac{\partial(x^2+6xy+y^2)}{\partial y} + \lambda \frac{\partial(x^2+y^2-4)}{\partial y} \end{pmatrix} = \begin{pmatrix} 0 \\ 0 \end{pmatrix}$$

$$\therefore \quad \begin{pmatrix} 2x + 6y + 2\lambda x \\ 6x + 2y + 2\lambda y \end{pmatrix} = \begin{pmatrix} 0 \\ 0 \end{pmatrix} \tag{3.46}$$

および

$$\frac{\partial L}{\partial \lambda} = x^2 + y^2 - 4 \leq 0 \tag{3.47}$$

$$\lambda \geq 0 \quad \text{（最小値問題の場合）} \tag{3.48}$$

$$\lambda \leq 0 \quad \text{（最大値問題の場合）} \tag{3.49}$$

$$\lambda g(x, y) = \lambda(x^2 + y^2 - 4) = 0 \tag{3.50}$$

まず式 (3.47) に注目して，場合分けして解いていきます．

$x^2 + y^2 - 4 < 0$ の場合，式 (3.50) より $\lambda = 0$ で，式 (3.46) で $\lambda = 0$ とすると $(x, y) = (0, 0)$ であり，このとき，$f(0, 0) = 0$ となります．

$x^2 + y^2 - 4 = 0$ の場合，$x \neq 0$ または $y \neq 0$ が必要で，かつ式 (3.46) から

$$2x + 6y = -2\lambda x \tag{3.51}$$

$$6x + 2y = -2\lambda y \tag{3.52}$$

を得て，$x \neq 0$ かつ $y \neq 0$ が必要となります．したがって，この 2 式から λ を消去できて，

$$(2x + 6y)y = (6x + 2y)x \qquad \therefore \quad x^2 = y^2$$

これを $x^2 + y^2 - 4 = 0$ に代入し，式 (3.51)，式 (3.52) も使うと，次のように候補が得られます．

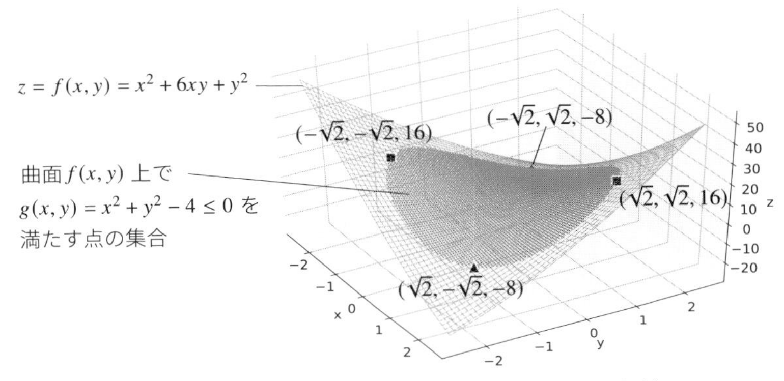

図 3.14 KKT 条件で見つかった極値をとる点の候補

$$(\lambda, x, y) = (-4, -\sqrt{2}, -\sqrt{2}) \quad \Rightarrow \quad f(-\sqrt{2}, -\sqrt{2}) = 16 \qquad ①$$

$$(\lambda, x, y) = (-4, \sqrt{2}, \sqrt{2}) \quad \Rightarrow \quad f(\sqrt{2}, \sqrt{2}) = 16 \qquad ②$$

$$(\lambda, x, y) = (2, -\sqrt{2}, \sqrt{2}) \quad \Rightarrow \quad f(-\sqrt{2}, \sqrt{2}) = -8 \qquad ③$$

$$(\lambda, x, y) = (2, \sqrt{2}, -\sqrt{2}) \quad \Rightarrow \quad f(\sqrt{2}, -\sqrt{2}) = -8 \qquad ④$$

$f(0,0) = 0$ と ①〜④ を比べると最大値は 16，最小値は −8 として良さそうです．実際，

$$z = x^2 + 6xy + y^2$$

として，この曲面を図示し，さらに制約条件を満たす点集合も描くと**図 3.14** のようになり，最大値は 16，最小値は −8 となっているのがわかります．

3.2.3 線形 SVM 最適化の方法

前項までで，制約条件付きの関数最適化問題について，ラグランジュの未定乗数法と KKT 条件を用いた解法を説明しました．本項では，これを使ってハードマージン線形 SVM，ソフトマージン線形 SVM の最適化問題を解くことにします．

■ ハードマージン線形 SVM 最適化問題の主問題

3.1.1 項で説明したハードマージン線形 SVM の最適化ロジックを再掲します．

ハードマージン線形 SVM の最適化ロジック（再掲）

$$\min_{\boldsymbol{w},b} \frac{1}{2}\|\boldsymbol{w}\|^2 \quad \text{subject to} \quad t_i(\boldsymbol{w}^\top \boldsymbol{x}_i + b) \geq 1 \quad (i = 1, 2, \cdots, n)$$

3.1 節と同様に

$$\boldsymbol{x}_i = (x_{i1}, x_{i2})^\top \quad (i = 1, 2, \cdots, n)$$
$$\boldsymbol{w} = (w_1, w_2)^\top$$

とします．$\boldsymbol{x}_i$ と $\boldsymbol{w}$ は 2 次元ベクトルでなくてもよいのですが，本書で扱う実例はすべて 2 次元ですので，2 次元で議論を進めていきます．

ここで，前項で述べた不等式制約のもとの最小値問題として，ハードマージン SVM を最適化します．この問題を**主問題**と呼びます．

まず，ラグランジュ関数を用意します．

$$L(\boldsymbol{w}, b, \boldsymbol{\alpha}) = \frac{1}{2}\|\boldsymbol{w}\|^2 + \sum_{i=1}^{n} \alpha_i (1 - t_i(\boldsymbol{w}^\top \boldsymbol{x}_i + b)) \tag{3.53}$$

ここでのラグランジュの未定乗数は $\boldsymbol{\alpha} = (\alpha_1, \alpha_2, \cdots, \alpha_n)^\top$ としていることに注意してください．式 (3.53) を用いて最小値問題を解くことが主問題です．

式 (3.53) を $\boldsymbol{w}, b$ でそれぞれ偏微分すると，

$$
\begin{aligned}
\frac{\partial L(\boldsymbol{w}, b, \boldsymbol{\alpha})}{\partial \boldsymbol{w}} &= \begin{pmatrix} \frac{\partial L(\boldsymbol{w},b,\boldsymbol{\alpha})}{\partial w_1} \\ \frac{\partial L(\boldsymbol{w},b,\boldsymbol{\alpha})}{\partial w_2} \end{pmatrix} \\
&= \begin{pmatrix} \frac{\partial}{\partial w_1} \frac{1}{2}\|\boldsymbol{w}\|^2 \\ \frac{\partial}{\partial w_2} \frac{1}{2}\|\boldsymbol{w}\|^2 \end{pmatrix} + \begin{pmatrix} \frac{\partial}{\partial w_1} \sum_{i=1}^{n} \alpha_i(1 - t_i(\boldsymbol{w}^\top \boldsymbol{x}_i + b)) \\ \frac{\partial}{\partial w_2} \sum_{i=1}^{n} \alpha_i(1 - t_i(\boldsymbol{w}^\top \boldsymbol{x}_i + b)) \end{pmatrix} \\
&= \begin{pmatrix} w_1 \\ w_2 \end{pmatrix} + \begin{pmatrix} \sum_{i=1}^{n} \alpha_i(-t_i x_{i1}) \\ \sum_{i=1}^{n} \alpha_i(-t_i x_{i2}) \end{pmatrix} \\
&= \boldsymbol{w} - \sum_{i=1}^{n} \alpha_i t_i \boldsymbol{x}_i \\
\frac{\partial L(\boldsymbol{w}, b, \boldsymbol{\alpha})}{\partial b} &= -\sum_{i=1}^{n} \alpha_i t_i
\end{aligned}
$$

なので，$\|\boldsymbol{w}\|^2/2$ が最小値をとるためには，

$$
\frac{\partial L(\boldsymbol{w}, b, \boldsymbol{\alpha})}{\partial \boldsymbol{w}} = 0 \quad \text{より} \quad \boldsymbol{w} = \sum_{i=1}^{n} \alpha_i t_i \boldsymbol{x}_i \tag{3.54}
$$

$$
\frac{\partial L(\boldsymbol{w}, b, \boldsymbol{\alpha})}{\partial b} = 0 \quad \text{より} \quad \sum_{i=1}^{n} \alpha_i t_i = 0 \tag{3.55}
$$

が必要になります．

また，この問題の KKT 条件を考えると，$i = 1, 2, \cdots, n$ について，

$$
\frac{\partial L(\boldsymbol{w}, b, \boldsymbol{\alpha})}{\partial \boldsymbol{\alpha}} = 1 - t_i(\boldsymbol{w}^\top \boldsymbol{x}_i + b) \leq 0 \tag{3.56}
$$

$$
\alpha_i \geq 0 \tag{3.57}
$$

$$
\alpha_i(1 - t_i(\boldsymbol{w}^\top \boldsymbol{x}_i + b)) = 0 \tag{3.58}
$$

が必要となります．

この後は，学習用データ $\boldsymbol{x}_i$ と t_i の組合せを n 個用意し，式 (3.54)〜(3.58) を満たす $\boldsymbol{w}$，b，$\boldsymbol{\alpha}$ を求めます．

■ 簡単な例

ここで，次の 2 つの学習用データを用いる簡単な例を通して，導出した各

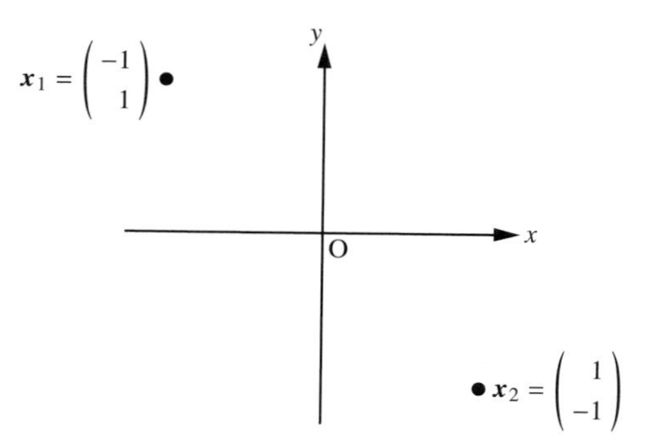

図 3.15 ■ 2 つの簡単な学習用データ

式がどのように用いられるのかを見ておきましょう．

$$\boldsymbol{x}_1 = (-1, 1)^\top, \quad t_1 = 1$$
$$\boldsymbol{x}_2 = (1, -1)^\top, \quad t_2 = -1$$

これら 2 点を xy 座標平面上にプロットすると，**図 3.15** のようになります．
まず，式 (3.55) より

$$\alpha_1 t_1 + \alpha_2 t_2 = \alpha_1 \cdot 1 + \alpha_2 \cdot (-1) = 0 \qquad \therefore \quad \alpha_1 = \alpha_2 (= \alpha \text{とおく}) \tag{3.59}$$

次に，式 (3.54) より

$$\begin{aligned} \boldsymbol{w} &= \sum_{i=1}^{2} \alpha_i t_i \boldsymbol{x}_i \\ &= \alpha \cdot 1 \begin{pmatrix} -1 \\ 1 \end{pmatrix} + \alpha \cdot (-1) \begin{pmatrix} 1 \\ -1 \end{pmatrix} = \begin{pmatrix} -2\alpha \\ 2\alpha \end{pmatrix} \end{aligned} \tag{3.60}$$

一方，式 (3.58) より，$\alpha_i = 0$ または $1 - t_i(\boldsymbol{w}^\top \boldsymbol{x}_i + b) = 0$ となりますが，$\alpha_i = 0$ とすると，式 (3.60) から $\boldsymbol{w}$ が零ベクトルとなり決定関数（境界を表す関数）が得られなくなります．そこで，$\alpha_i > 0$ の場合だけ考えることにすると，次のようになります．

$$1 - t_i(\boldsymbol{w}^\top \boldsymbol{x}_i + b) = 0 \tag{3.61}$$

これはちょうど，サポートベクトルだけを考えることに相当します．

式 (3.61) に式 (3.60) と学習用データを入れると，

$$\begin{cases} 1 - 1 \cdot \left((-2\alpha, 2\alpha) \begin{pmatrix} -1 \\ 1 \end{pmatrix} + b \right) = 0 \\ 1 - (-1) \cdot \left((-2\alpha, 2\alpha) \begin{pmatrix} 1 \\ -1 \end{pmatrix} + b \right) = 0 \end{cases}$$

$$\therefore \quad \begin{cases} 1 - 2\alpha - 2\alpha - b = 0 \\ 1 - 2\alpha - 2\alpha + b = 0 \end{cases} \qquad \therefore \quad \alpha = \frac{1}{4}, \quad b = 0 \tag{3.62}$$

式 (3.62) を式 (3.60) に入れると，

$$\boldsymbol{w} = \begin{pmatrix} -2\alpha \\ 2\alpha \end{pmatrix} = \begin{pmatrix} -\frac{1}{2} \\ \frac{1}{2} \end{pmatrix} \tag{3.63}$$

したがって，テスト用データを分類する決定関数は，次の式で表されます．

$$f(\boldsymbol{x}) = f(x, y) = -\frac{1}{2}x + \frac{1}{2}y \tag{3.64}$$

$f(\boldsymbol{x})$ の値の符号（正負）により，正例か負例かを分類することができます．例えば，テスト用データを $\boldsymbol{x}_t = (0, 1)$ とすると，式 (3.64) より

$$f(\boldsymbol{x}_t) = f(0, 1) = -\frac{1}{2} \cdot 0 + \frac{1}{2} \cdot 1 = \frac{1}{2} > 0$$

となり，正例に分類されることになりますが，**図 3.16** より，正例への分類は適切であることがわかります．

ここでは，学習用データがたった 2 つということで，$\boldsymbol{w}$，b，$\boldsymbol{\alpha}$ を最適化することが比較的簡単に（手計算でも）できました．しかし，実際にはもっと多くの学習用データから最適化していく必要があります．しかも，第 4 章で解説するカーネル法を使うためには，この問題を次に述べる双対問題という形に変換する必要があります．

■ 双対問題

ここまで，ハードマージン線形 SVM モデルを $\boldsymbol{w}$，b についての最小値問題として説明しました．以下では，第 4 章で解説するカーネル法導入のうえで便利な双対問題という形式に書き換えることにします．

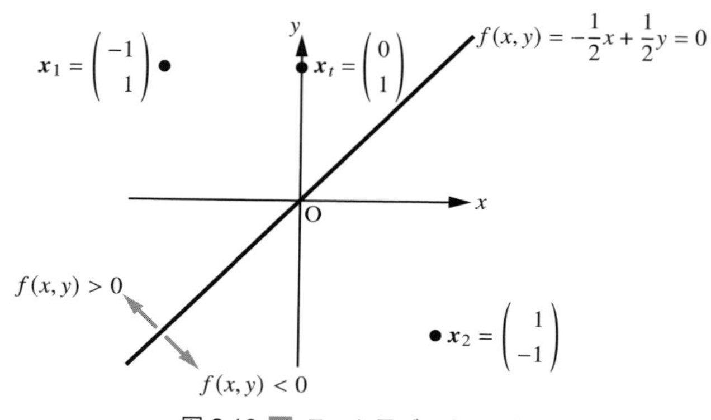

図 3.16 ■ テスト用データの分類

まず，式 (3.53) に式 (3.54)，式 (3.55) を入れると，

$$
\begin{aligned}
L(\boldsymbol{w}, b, \boldsymbol{\alpha}) &= \frac{1}{2}\|\boldsymbol{w}\|^2 + \sum_{i=1}^{n} \alpha_i (1 - t_i(\boldsymbol{w}^\top \boldsymbol{x}_i + b)) \\
&= \frac{1}{2}\left(\sum_{i=1}^{n} \alpha_i t_i \boldsymbol{x}_i\right)^\top \left(\sum_{j=1}^{n} \alpha_j t_j \boldsymbol{x}_j\right) \\
&\quad + \sum_{i=1}^{n} \alpha_i - \sum_{i=1}^{n} \alpha_i \left\{ t_i \left(\sum_{j=1}^{n} \alpha_j t_j \boldsymbol{x}_j\right)^\top \boldsymbol{x}_i + t_i b \right\} \\
&= \frac{1}{2}\left(\sum_{i=1}^{n} \alpha_i t_i \boldsymbol{x}_i\right)^\top \left(\sum_{j=1}^{n} \alpha_j t_j \boldsymbol{x}_j\right) \\
&\quad + \sum_{i=1}^{n} \alpha_i - \sum_{i=1}^{n} \alpha_i t_i \left(\sum_{j=1}^{n} \alpha_j t_j \boldsymbol{x}_j\right)^\top \boldsymbol{x}_i - b \sum_{i=1}^{n} \alpha_i t_i \\
&= \frac{1}{2}\left(\sum_{i=1}^{n} \alpha_i t_i \boldsymbol{x}_i\right)^\top \left(\sum_{j=1}^{n} \alpha_j t_j \boldsymbol{x}_j\right) \\
&\quad + \sum_{i=1}^{n} \alpha_i - \left(\sum_{j=1}^{n} \alpha_j t_j \boldsymbol{x}_j\right)^\top \left(\sum_{i=1}^{n} \alpha_i t_i \boldsymbol{x}_i\right)
\end{aligned}
$$

$$= -\frac{1}{2}\left(\sum_{i=1}^{n}\alpha_i t_i \boldsymbol{x}_i\right)^\top \left(\sum_{j=1}^{n}\alpha_j t_j \boldsymbol{x}_j\right) + \sum_{i=1}^{n}\alpha_i$$

$$= -\frac{1}{2}\sum_{i=1}^{n}\sum_{j=1}^{n}\alpha_i\alpha_j t_i t_j \boldsymbol{x}_i^\top \boldsymbol{x}_j + \sum_{i=1}^{n}\alpha_i$$

のように $\boldsymbol{\alpha}$ の関数になります．

ここで，上のラグランジュ関数 $L(\boldsymbol{w}, b, \boldsymbol{\alpha})$ の変形において

$$\left(\sum_{i=1}^{n}\alpha_i t_i \boldsymbol{x}_i\right)^\top \left(\sum_{j=1}^{n}\alpha_j t_j \boldsymbol{x}_j\right) = \left(\sum_{j=1}^{n}\alpha_j t_j \boldsymbol{x}_j\right)^\top \left(\sum_{i=1}^{n}\alpha_i t_i \boldsymbol{x}_i\right)$$

としましたが，これは，i と j はダミー変数（和をとる際に項を数え上げるために用いるもの）なので，i と j を入れ替えても和は変わらないことに基づきます．

ラグランジュ関数 (3.53) の右辺第 2 項は，KKT 条件により 0 となります．$\boldsymbol{\alpha}$ については最大化されていて，そのうえで $\boldsymbol{w}$，b についての最小値問題を解くという方法を考えました．一方，上のラグランジュ関数 $L(\boldsymbol{w}, b, \boldsymbol{\alpha})$ の変形では，$\boldsymbol{w}$，b についての必要条件を代入しており，その後，$\boldsymbol{\alpha}$ を調整してラグランジュ関数が最大となるように最適化します．すなわち，ハードマージン線形 SVM のロジックは，最大値問題として次のカコミのように書き換えられます．このような形に変換した最適化問題を，**双対問題**といいます．一方，変換する前の問題を，主問題といいました．詳細には立ち入りませんが，双対定理という定理により，主問題と双対問題のいずれか一方が最適解をもつなら，他方も最適解をもち，主問題の最小値と双対問題の最大値は一致します．SVM では最適化問題を双対問題にすることにより，第 4 章で解説するカーネル法の導入ができるようになるという大きなメリットがあります．

ハードマージン線形 SVM の最適化ロジック（双対問題）

$$\max_{\alpha} L(\boldsymbol{\alpha}) = -\frac{1}{2}\sum_{i=1}^{n}\sum_{j=1}^{n}\alpha_i\alpha_j t_i t_j \boldsymbol{x}_i^\top \boldsymbol{x}_j + \sum_{i=1}^{n}\alpha_i$$

$$\text{subject to}\quad \sum_{i=1}^{n}\alpha_i t_i = 0,\quad \alpha_i \geq 0\quad (i = 1, 2, \cdots, n)$$

この双対問題を解き最適解 $\boldsymbol{\alpha} = \boldsymbol{\alpha}^*$ を得る方法は，かなり複雑になりますし，本章では双対問題の解法そのものより，得られる解をどのように扱うかを考えることに重点を置くので，ここでは触れないことにし，4.2.2 項でまとめて解説します．

さて，この双対問題を解き，最適解 $\boldsymbol{\alpha} = \boldsymbol{\alpha}^*$ を得ると，式 (3.54) より $\boldsymbol{w}$ の最適解 $\boldsymbol{w}^*$ は

$$\boldsymbol{w}^* = \sum_{i=1}^{n}\alpha_i^* t_i \boldsymbol{x}_i \tag{3.65}$$

から得られます．ここで，式 (3.58) より，

$$1 - t_i(\boldsymbol{w}^{*\top}\boldsymbol{x}_i + b^*) = 0$$

が成り立つ $\boldsymbol{x}_i$ 以外，すなわちサポートベクトル以外では $\alpha_i^* = 0$ となるので，式 (3.65) はサポートベクトルだけで和をとっていることと同じです．

$\boldsymbol{x}_s$ をサポートベクトルの中から適当に選んだ一つとすると

$$t_s(\boldsymbol{w}^{*\top}\boldsymbol{x}_s + b^*) = 1$$

となり，この両辺に t_s をかけると，$t_s^2 = 1 (\because\ t_s = \pm 1)$ に注意して，

$$\boldsymbol{w}^{*\top}\boldsymbol{x}_s + b^* = t_s$$

$$\therefore \quad b^* = t_s - \boldsymbol{w}^{*\top}\boldsymbol{x}_s = t_s - \left(\sum_{\substack{j=1 \\ \alpha_j^*>0}}^{n} \alpha_j^* t_j \boldsymbol{x}_j\right)^{\top} \boldsymbol{x}_s$$

$$= t_s - \sum_{\substack{j=1 \\ \alpha_j^*>0}}^{n} \alpha_j^* t_j \boldsymbol{x}_j^{\top} \boldsymbol{x}_s \tag{3.66}$$

と b の最適解 b^* を得られます．式 (3.58) より $\alpha_j^* > 0$ はサポートベクトルだけについての和を表しています．

なお，1 つのサポートベクトルから b^* を求めるよりも解を安定させるために，式 (3.66) の代わりに，全てのサポートベクトルについての平均値から計算する，すなわち，

$$b^* = \frac{1}{n_{SV}} \sum_{\substack{i=1 \\ \alpha_i^*>0}}^{n} \left(t_i - \sum_{\substack{j=1 \\ \alpha_j^*>0}}^{n} \alpha_j^* t_j \boldsymbol{x}_j^{\top} \boldsymbol{x}_i \right) \tag{3.67}$$

と b の最適解 b^* を得ることがよく行われます．ここで n_{SV} はサポートベクトルの個数です．

■ ソフトマージン線形 SVM 最適化問題の双対問題

3.1.2 項で説明したソフトマージン線形 SVM 最適化のロジックを再掲します．

ソフトマージン線形 SVM の最適化ロジック

$$\min_{\boldsymbol{w},b,\boldsymbol{\xi}} \frac{1}{2}\|\boldsymbol{w}\|^2 + C\sum_{i=1}^{n} \xi_i$$

$$\text{subject to} \quad t_i(\boldsymbol{w}^{\top}\boldsymbol{x}_i + b) \geq 1 - \xi_i, \quad \xi_i \geq 0 \quad (i = 1, 2, \cdots, n)$$

ここも同様に $\boldsymbol{x}_i, \boldsymbol{w}$ は 2 次元ベクトルとして議論を進めます．

$$\boldsymbol{x_i} = (x_{i1}, x_{i2})^\top \quad (i = 1, 2, \cdots, n)$$
$$\boldsymbol{w} = (w_1, w_2)^\top$$

この不等式制約条件付き最小値問題を解くには，まず，次のラグランジュ関数を用意します．

$$L(\boldsymbol{w}, b, \boldsymbol{\alpha}, \boldsymbol{\beta}, \boldsymbol{\xi}) = \frac{1}{2}\|\boldsymbol{w}\|^2 + C\sum_{i=1}^{n}\xi_i + \sum_{i=1}^{n}\alpha_i(1 - \xi_i - t_i(\boldsymbol{w}^\top \boldsymbol{x}_i + b)) + \sum_{i=1}^{n}\beta_i(-\xi_i) \tag{3.68}$$

ここでの未定乗数は $\boldsymbol{\alpha} = (\alpha_1, \alpha_2, \cdots, \alpha_n)$, $\boldsymbol{\beta} = (\beta_1, \beta_2, \cdots, \beta_n)$ です．これを $\boldsymbol{w}, b$, $\boldsymbol{\xi}$ について最小となるように最適化します．ここでは制約条件が 2 つあるので，未定乗数は $\boldsymbol{\alpha}, \boldsymbol{\beta}$ の 2 つを用意します．$\boldsymbol{w}, b, \boldsymbol{\xi}$ でそれぞれ偏微分すると，

$$\begin{aligned}
\frac{\partial L(\boldsymbol{w}, b, \boldsymbol{\alpha}, \boldsymbol{\beta}, \boldsymbol{\xi})}{\partial \boldsymbol{w}} &= \begin{pmatrix} \frac{\partial L(\boldsymbol{w}, b, \boldsymbol{\alpha}, \boldsymbol{\beta}, \boldsymbol{\xi})}{\partial w_1} \\ \frac{\partial L(\boldsymbol{w}, b, \boldsymbol{\alpha}, \boldsymbol{\beta}, \boldsymbol{\xi})}{\partial w_2} \end{pmatrix} \\
&= \begin{pmatrix} \frac{\partial}{\partial w_1}\frac{1}{2}\|\boldsymbol{w}\|^2 \\ \frac{\partial}{\partial w_2}\frac{1}{2}\|\boldsymbol{w}\|^2 \end{pmatrix} + \begin{pmatrix} \frac{\partial}{\partial w_1}\sum_{i=1}^{n}\alpha_i(1 - \xi_i - t_i(\boldsymbol{w}^\top \boldsymbol{x}_i + b)) \\ \frac{\partial}{\partial w_2}\sum_{i=1}^{n}\alpha_i(1 - \xi_i - t_i(\boldsymbol{w}^\top \boldsymbol{x}_i + b)) \end{pmatrix} \\
&= \begin{pmatrix} w_1 \\ w_2 \end{pmatrix} + \begin{pmatrix} \sum_{i=1}^{n}\alpha_i(-t_i x_{i1}) \\ \sum_{i=1}^{n}\alpha_i(-t_i x_{i2}) \end{pmatrix} \\
&= \boldsymbol{w} - \sum_{i=1}^{n}\alpha_i t_i \boldsymbol{x}_i \\
\frac{\partial L(\boldsymbol{w}, b, \boldsymbol{\alpha}, \boldsymbol{\beta}, \boldsymbol{\xi})}{\partial b} &= -\sum_{i=1}^{n}\alpha_i t_i \\
\frac{\partial L(\boldsymbol{w}, b, \boldsymbol{\alpha}, \boldsymbol{\beta}, \boldsymbol{\xi})}{\partial \boldsymbol{\xi}} &= \begin{pmatrix} \frac{\partial L(\boldsymbol{w}, b, \boldsymbol{\alpha}, \boldsymbol{\beta}, \boldsymbol{\xi})}{\partial \xi_1} \\ \frac{\partial L(\boldsymbol{w}, b, \boldsymbol{\alpha}, \boldsymbol{\beta}, \boldsymbol{\xi})}{\partial \xi_2} \end{pmatrix} = \begin{pmatrix} C - \alpha_1 - \beta_1 \\ C - \alpha_2 - \beta_2 \end{pmatrix}
\end{aligned}$$

なので，最小値をとる点では，

$$\frac{\partial L(\boldsymbol{w}, b, \boldsymbol{\alpha}, \boldsymbol{\beta}, \boldsymbol{\xi})}{\partial \boldsymbol{w}} = 0 \quad \text{より} \quad \boldsymbol{w} = \sum_{i=1}^{n}\alpha_i t_i \boldsymbol{x}_i \tag{3.69}$$

$$\frac{\partial L(\boldsymbol{w}, b, \boldsymbol{\alpha}, \boldsymbol{\beta}, \boldsymbol{\xi})}{\partial b} = 0 \quad \text{より} \quad \sum_{i=1}^{n} \alpha_i t_i = 0 \tag{3.70}$$

が必要となります．

また，この問題の KKT 条件を考えると，$i = 1, 2, \cdots, n$ について，

$$\frac{\partial L(\boldsymbol{w}, b, \boldsymbol{\alpha}, \boldsymbol{\beta}, \boldsymbol{\xi})}{\partial \alpha_i} = 1 - \xi_i - t_i(\boldsymbol{w}^\top \boldsymbol{x}_i + b) \leq 0 \tag{3.71}$$

$$\alpha_i \geq 0 \tag{3.72}$$

$$\alpha_i(1 - \xi_i - t_i(\boldsymbol{w}^\top \boldsymbol{x}_i + b)) = 0 \tag{3.73}$$

$$\beta_i \geq 0 \tag{3.74}$$

$$\xi_i \geq 0 \tag{3.75}$$

$$\beta_i \xi_i = 0 \tag{3.76}$$

$$C - \alpha_i - \beta_i = 0 \tag{3.77}$$

が必要となります．

式 (3.68) に式 (3.69)，式 (3.70)，式 (3.77) を入れると，

$$\begin{aligned}
L(\boldsymbol{w}, b, \boldsymbol{\alpha}, \boldsymbol{\beta}, \boldsymbol{\xi}) &= \frac{1}{2}\|\boldsymbol{w}\|^2 + C\sum_{i=1}^{n}\xi_i + \sum_{i=1}^{n}\alpha_i(1 - \xi_i - t_i(\boldsymbol{w}^\top \boldsymbol{x}_i + b)) - \sum_{i=1}^{n}\beta_i\xi_i \\
&= \frac{1}{2}\left(\sum_{i=1}^{n}\alpha_i t_i \boldsymbol{x}_i\right)^\top \left(\sum_{j=1}^{n}\alpha_j t_j \boldsymbol{x}_j\right) + \sum_{i=1}^{n}(C - \alpha_i - \beta_i)\xi_i \\
&\qquad + \sum_{i=1}^{n}\alpha_i - \sum_{i=1}^{n}\alpha_i\left\{t_i\left(\sum_{j=1}^{n}\alpha_j t_j \boldsymbol{x}_j\right)^\top \boldsymbol{x}_i + t_i b\right\} \\
&= -\frac{1}{2}\left(\sum_{i=1}^{n}\alpha_i t_i \boldsymbol{x}_i\right)^\top \left(\sum_{j=1}^{n}\alpha_j t_j \boldsymbol{x}_j\right) + \sum_{i=1}^{n}\alpha_i \\
&= \sum_{i=1}^{n}\alpha_i - \frac{1}{2}\sum_{i=1}^{n}\sum_{j=1}^{n}\alpha_i\alpha_j t_i t_j \boldsymbol{x}_i^\top \boldsymbol{x}_j
\end{aligned}$$

という式が得られますが，これはハードマージンの場合と同じく $\boldsymbol{\alpha}$ の関数になります．式 (3.77) から得られる

$$\beta_i = C - \alpha_i$$

を式 (3.74) に入れて,

$$C - \alpha_i \geq 0$$

を得ます.

ハードマージン線形 SVM の場合と同じく，ソフトマージン線形 SVM のロジックは最大値問題として次のように書き換えられます.

ソフトマージン線形 SVM の最適化ロジック（双対問題）

$$\max_{\alpha} L(\alpha) = -\frac{1}{2}\sum_{i=1}^{n}\sum_{j=1}^{n}\alpha_i\alpha_j t_i t_j \boldsymbol{x}_i^{\top}\boldsymbol{x}_j + \sum_{i=1}^{n}\alpha_i$$

$$\text{subject to} \quad \sum_{i=1}^{n}\alpha_i t_i = 0, \quad 0 \leq \boldsymbol{\alpha}_i \leq C \quad (i = 1, 2, \cdots, n)$$

この双対問題を解き最適解 $\boldsymbol{\alpha} = \boldsymbol{\alpha}^*$ を得る方法は，かなり複雑になりますし，本章では双対問題の解法そのものより，得られる解をどのように扱うかを考えることに重点を置くので，ここでは触れないことにし，4.2.2 項でまとめて解説します.

さて，この双対問題を解き，最適解 $\boldsymbol{\alpha} = \boldsymbol{\alpha}^* = (\alpha_1^*, \alpha_2^*, \cdots, \alpha_n^*)$ を得ると，制約条件 $0 \leq \alpha_i^* \leq C$ を満たし，式 (3.69) より $\boldsymbol{w}$ の最適解 $\boldsymbol{w}^*$ は

$$\boldsymbol{w}^* = \sum_{i=1}^{n}\alpha_i^* t_i \boldsymbol{x}_i \tag{3.78}$$

から得られます．ここで，$\boldsymbol{x}_s$ をサポートベクトル $(\xi_i = 0)$ の中から適当に選んだ一つとすると

$$t_s(\boldsymbol{w}^{*\top}\boldsymbol{x}_s + b^*) = 1$$

となり，この両辺に t_s をかけると，$t_s^2 = 1(\because \quad t_s = \pm 1)$ に注意して,

$$
\begin{aligned}
&\boldsymbol{w}^{*\top}\boldsymbol{x}_s + b^* = t_s \\
&\therefore \quad b^* = t_s - \boldsymbol{w}^{*\top}\boldsymbol{x}_s = t_s - \left(\sum_{\substack{j=1 \\ 0<\alpha_j^*<C}}^{n} \alpha_j^* t_j \boldsymbol{x}_j\right)^{\top} \boldsymbol{x}_s \\
&\qquad\qquad = t_s - \sum_{\substack{j=1 \\ 0<\alpha_j^*<C}}^{n} \alpha_j^* t_j \boldsymbol{x}_j^{\top} \boldsymbol{x}_s
\end{aligned}
\tag{3.79}
$$

として，b の最適解 b^* を得られます．式 (3.73) より $\alpha_j^* > 0$ はサポートベクトルだけについての和を表しています．

なお，1 つのサポートベクトルから b^* を求めるよりも解を安定させるために，式 (3.79) の代わりに，全てのサポートベクトルについての平均値から計算する，すなわち，

$$
b^* = \frac{1}{n_{SV}} \sum_{\substack{i=1 \\ 0<\alpha_i^*<C}}^{n} \left(t_i - \sum_{\substack{j=1 \\ 0<\alpha_j^*<C}}^{n} \alpha_j^* t_j \boldsymbol{x}_j^{\top} \boldsymbol{x}_i\right) \tag{3.80}
$$

と b の最適解 b^* を得ることがよく行われます．ここで n_{SV} はサポートベクトルの個数です．

3.3 線形 SVM による分類問題の解法

前節まで線形 SVM の理論的な説明をしてきました．この節ではいよいよ実際のデータを使って分類モデルを作成し，その性能を見てみることにします．

3.3.1 ペンギン分類モデル

では，SVM を使って実際に分類を実行してみましょう．データセットには，Python のライブラリ seaborn からダウンロードしたパルマー諸島ペンギンのデータを使用します．このデータセットは，アデリーペンギン（Adélie Penguin），ヒゲペンギン（Chinstrap Penguin），ジェンツーペンギン（Gentoo Penguin）の 3 種のペンギンの特徴で構成されています．

図 3.17 ■ ペンギンの種類

このデータセットには次のような項目があります．

- species ：Adelie，Chinstrap，Gentoo の 3 種類
- island ：データの個体の生息していた島
- bill_length_mm ：くちばしの長さ（単位は mm）
- bill_depth_mm ：くちばしの厚み（単位は mm）
- flipper_length_mm ：ひれ足の長さ（単位は mm）

- body_mass_g ：体重（単位は g）
- sex ：性別

データセットのはじめの 5 つは，次のようになっています.

	species	island	bill_length_mm	bill_depth_mm	flipper_length_mm	body_mass_g	sex	…
1	Adelie	Torgersen	39.1	18.7	181	3750	male	…
2	Adelie	Torgersen	39.5	17.4	186	3800	female	…
3	Adelie	Torgersen	40.3	18	195	3250	female	…
4	Adelie	Torgersen	NA	NA	NA	NA	NA	…
5	Adelie	Torgersen	36.7	19.3	193	3450	female	…
6	Adelie	Torgersen	39.3	20.6	190	3650	male	…
…	…	…	…	…	…	…	…	…

数値データどうしの相関を見るためを作成してみると，**図 3.18** のようになります．左上から右下に向けて対角線上に並んだグラフは最下端に書いてある特徴量におけるヒストグラムになります．それ以外の図は，それぞれ左端と最下端に書かれた 2 つの特徴量についての散布図です.

各散布図を見ても，いきなり 3 つに分けるのは難しそうですので，1 種ずつ識別していきます．ハードマージン SVM を用いると，flipper_length と bill_depth を組み合わせることで，Gentoo と他の 2 つ（Adelie と Chinstrap）を分けられそうです.

flipper_length を縦軸に bill_depth を横軸にした散布図を見れば，Gentoo と他の 2 種との間には大きな隙間があり，ハードマージン SVM で**図 3.19** のようにきれいに分けられました．○で囲んだ学習用データはサポートベクトルです．また，「+」は，テスト用データでクラスを予測した結果をプロットしたものです.

一方，Adelie と Chinstrap が他の点群と離れて分布する散布図がペアプロット図の中に見つかりませんので，ハードマージン SVM ではなくソフトマージン SVM を使うことにしましょう．ソフトマージン SVM を用いると，bill_length と bill_depth を組み合わせることで，Adelie と他の 2 つ（Gentoo と Chinstrap）を分けられそうです.

実際，**図 3.20** のように，ほとんど誤認識のない分類境界線が引けます．た

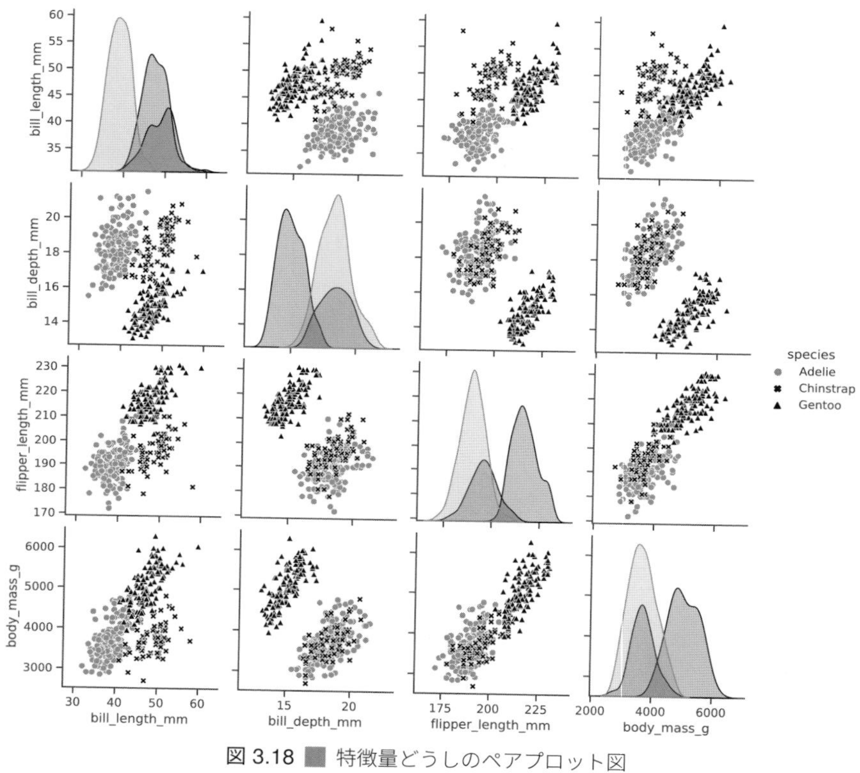

図 3.18 ■ 特徴量どうしのペアプロット図

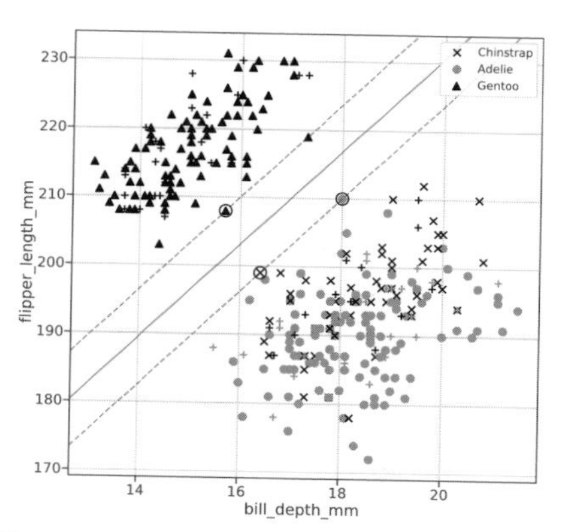

図 3.19 ■ ハードマージン SVM による Gentoo Penguin の分類

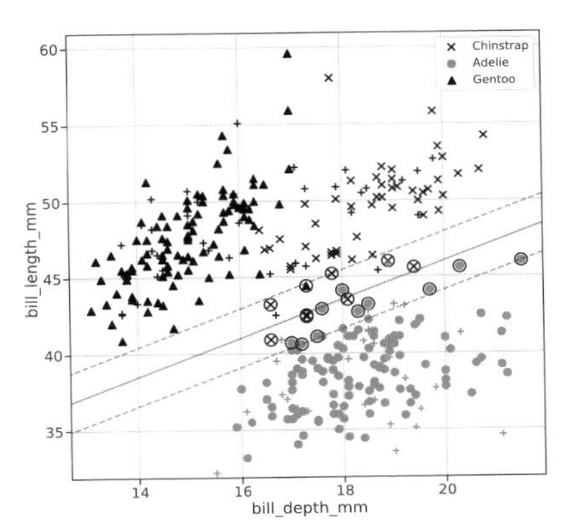

図 3.20 ■ ソフトマージン SVM による Adelie Penguin の分類（$C = 0.1$）

だし，図 3.19 と同様，○で囲んだデータはサポートベクトルで，「+」はテスト用データでクラスを予測した結果です．

3.3.2　Python でペンギン分類

前項ではペンギン分類モデルが 3 種類のペンギンを線形 SVM で分類した結果を見ましたが，ここで実際に使用した Python のコードを解説しましょう．コード 3.1 は，図 3.18 と図 3.20（ソフトマージン線形 SVM の分類結果）を出力するコードです．随所にはさんだコメントを参考にしてください．

コード 3.1 ■ ソフトマージン線形 SVM によるペンギン分類モデル

```
 1: import seaborn as sns
 2: import pandas as pd
 3: import numpy as np
 4: import matplotlib.pyplot as plt
 5: from sklearn.model_selection import train_test_split
 6: from sklearn.svm import SVC
 7:
 8: # 図の見た目をよくする設定
 9: sns.set(style="ticks")
10: # Pandas の DataFrame としてデータ読込み
```

```
11: df = sns.load_dataset("penguins")
12: # pairplot の設定
13: sns.pairplot(df, hue='species', markers=['o', 'X', '^'],
14:              palette={'Adelie': 'grey',
15:                       'Chinstrap': 'black',
16:                       'Gentoo': 'black'})
17: plt.show()
18:
19: # 欠損値のある行を削除
20: df = df.copy().dropna()
21: # 種類別に番号を付け別の列に保存
22: df.loc[df["species"] == 'Adelie',["species_num"]] = 1
23: df.loc[df["species"] == 'Chinstrap',["species_num"]] = 0
24: df.loc[df["species"] == 'Gentoo',["species_num"]] = 0
25: # 分類に使う特徴量を 2つ決める
26: x1label = "bill_depth_mm"
27: x2label = "bill_length_mm"
28: # 分類のラベル
29: y1label = "species"
30: y2label = "species_num"
31: # 特徴量のベクトルをX に入れる
32: X = df[[x1label, x2label]].values
33: # 種別についているラベルをy に格納
34: y = df[[y1label, y2label]].values
35: # トレーニング用データとテスト用データに分割
36: X_train, X_test, y_train, y_test = \
37:     train_test_split(X, y, test_size=0.2,
38:     random_state=0, stratify=y)
39: # トレーニング用データとテスト用データのデータ型を設定
40: y_train_num = y_train[:,1].astype('int8')
41: y_train = y_train[:,0]
42: y_test_num = y_test[:,1].astype('int8')
43: y_test = y_test[:,0]
44: # 描画キャンバスを作成
45: plt.figure(figsize=(8, 8))
46: # カウンタを初期化
47: cnt = 0
```

```
48: cnt1 = 0
49: cnt2 = 0
50: cnt3 = 0
51: # データの長さを取得
52: datalen = len(y_train)
53: # 種類ごとにマーカーや色を変えトレーニング用データを散布図にプロット
54: for cnt in range(datalen):
55:     if y_train[cnt] == 'Adelie':
56:         if cnt1 == 0:
57:             plt.scatter(X_train[:,0][cnt],X_train[:,1][cnt],
58:                         marker='o', s=50, c="grey", label='Adelie')
59:             cnt1 = 1
60:         else:
61:             plt.scatter(X_train[:,0][cnt],X_train[:,1][cnt],
62:                         marker='o', s=50, c="grey")
63:     elif y_train[cnt] == 'Chinstrap':
64:         if cnt2 == 0:
65:             plt.scatter(X_train[:,0][cnt],X_train[:,1][cnt],
66:                         marker='x', s=50, c="black", label='Chinstrap')
67:             cnt2 = 1
68:         else:
69:             plt.scatter(X_train[:,0][cnt],X_train[:,1][cnt],
70:                         marker='x', s=50, c="black")
71:     elif y_train[cnt] == 'Gentoo':
72:         if cnt3 == 0:
73:             plt.scatter(X_train[:,0][cnt],X_train[:,1][cnt],
74:                         marker='^', s=50, c="black", label='Gentoo')
75:             cnt3 = 1
76:         else:
77:             plt.scatter(X_train[:,0][cnt],X_train[:,1][cnt],
78:                         marker='^', s=50, c="black")
79:
80: # 罫線を表示
81: plt.grid()
82: # 点群が表すペンギンの種類を凡例表示
83: plt.legend()
84: # x 軸のデータの最小値・最大値を取得
```

```
 85: xlim = plt.xlim()
 86: # y 軸のデータの最小値・最大値を取得
 87: ylim = plt.ylim()
 88: # 座標の最小値・最大値間を 30等分する
 89: xx = np.linspace(xlim[0], xlim[1], 30)
 90: yy = np.linspace(ylim[0], ylim[1], 30)
 91: # xy 平面をメッシュ状に分割
 92: XX, YY = np.meshgrid(xx, yy)
 93: # すべての格子点を格納
 94: xy = np.vstack([XX.ravel(), YY.ravel()]).T
 95: # 分類モデルを初期化
 96: clf = SVC(C=0.1, kernel='linear')
 97: # トレーニング用データから分類モデルを構築
 98: clf.fit(X_train,y_train_num)
 99: # 分類境界を表す関数を作成
100: Z = clf.decision_function(xy).reshape(XX.shape)
101: # Z=-1, 0,1の 3本の境界線を引く
102: plt.contour(XX, YY, Z, colors='k', levels=[-1, 0, 1], alpha=0.5,
103:                linestyles=['--', '-', '--'])
104: # サポートベクトルをプロット
105: plt.scatter(clf.support_vectors_[:, 0], clf.support_vectors_[:, 1],
106:                s=140, linewidth=1,
107:                facecolors='none', edgecolors='k')
108: # カウンタを初期化
109: cnt = 0
110: datalen = len(y_test)
111: # テスト用データの分類結果を散布図にプロット
112: for cnt in range(datalen):
113:     if y_test[cnt] == 'Adelie':
114:         plt.scatter(X_test[:,0][cnt],X_test[:,1][cnt],
115:                     marker='+', s=50, color ="grey")
116:     elif y_test[cnt] == 'Chinstrap':
117:         plt.scatter(X_test[:,0][cnt],X_test[:,1][cnt],
118:                     marker='+', s=50, color ="black")
119:     elif y_test[cnt] == 'Gentoo':
120:         plt.scatter(X_test[:,0][cnt],X_test[:,1][cnt],
121:                     marker='+', s=50, color ="black")
```

```
122: plt.xlabel(x1label, fontsize=15)
123: plt.ylabel(x2label, fontsize=15)
124: plt.figsize=(8,8)
125: plt.show()
```

これを実行すると図 3.18 と図 3.20 が出力されます．また，コード 3.1 の一部を変更することで，図 3.19（ハードマージン線形 SVM の分類結果）を出力することができます（こちらは本書に掲載しませんが，「はしがき」に載せた URL からコードをダウンロードして，実際に動かしてみてください）．

3.3.3 2値分類モデルの評価

前節までは線形 SVM によって分類モデルを作る方法について解説しました．ここでは分類モデルの評価，すなわち分類モデルによって分類がうまくできたかどうかを評価する方法を解説します．

■ 混同行列

前項と前々項では，実際に分類モデルを作ってペンギンを分類しました．しかし，モデルを作って終わりではなく，モデルとしての妥当性は別の方法で検証・評価する必要があります．分類がうまくできたかを見やすくするのに，以下で説明する**混同行列**は直感的に理解しやすいため，よく使われます．

混同行列を作るうえで必要な用語を，ある感染症の疑いのある検体を陽性・陰性に分類するケースについてまとめておきます．わかりやすさのために，次の単純な仮定を置いて考えることにします．

- 陰性/陽性判定の境界を表す値（しきい値）を設定するパラメータは 1 つだけである
- そのパラメータに対して，非感染（陰性）検体，感染（陽性）検体それぞれが正規分布[2)]に従う

この 2 つの仮定のもとに，まずは個体数，標準偏差（ばらつきの度合い）が全く同じで平均だけが違う 2 つの群のデータが図 3.21 のようであったとし

2)　正規分布は，度数分布や確率分布が「つり鐘」型で，平均値を中心とする対称な分布です．

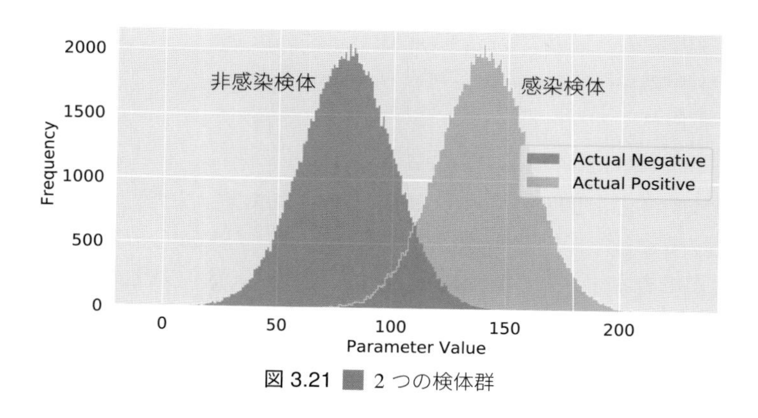

図 3.21 ■ 2 つの検体群

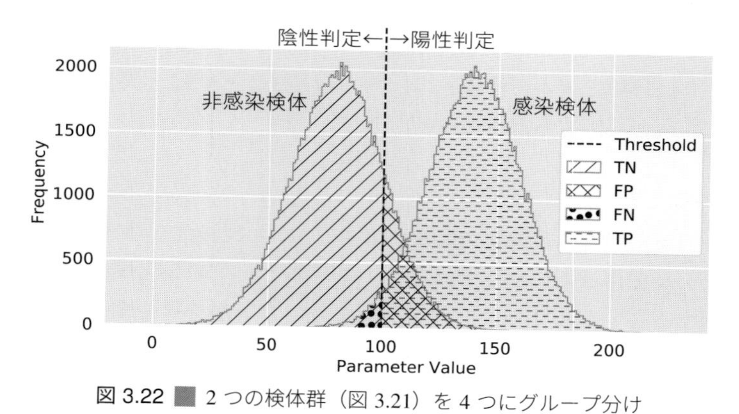

図 3.22 ■ 2 つの検体群（図 3.21）を 4 つにグループ分け

ます（**図 3.21**）.

いま，あるしきい値を決め，パラメータ値がそれより小さければ陰性，大きければ陽性と判定します．すると，「非感染検体か感染検体か」と「陰性か陽性か」の組合せで，検体を**図 3.22** で区分したような 4 つのグループに分類できます．ここでは，しきい値を 100 としています．

このままだとわかりにくいので，非感染検体だけを見てみると，**図 3.23** のようになります．この図では

- 破線の左側は「正しく陰性と判定」つまり**真陰性**（**TN**）

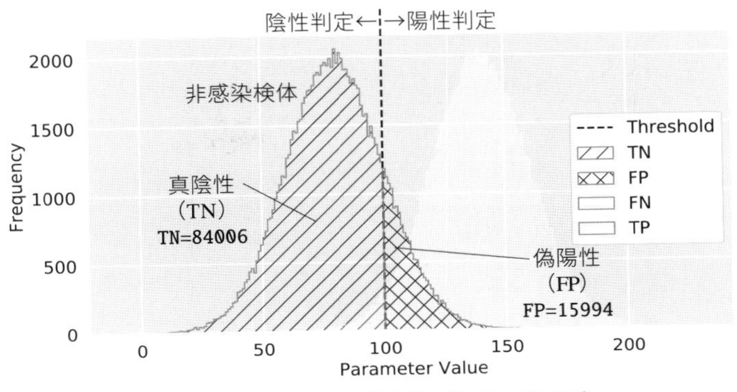

図 3.23 ■ 真陰性と偽陽性（しきい値 100）

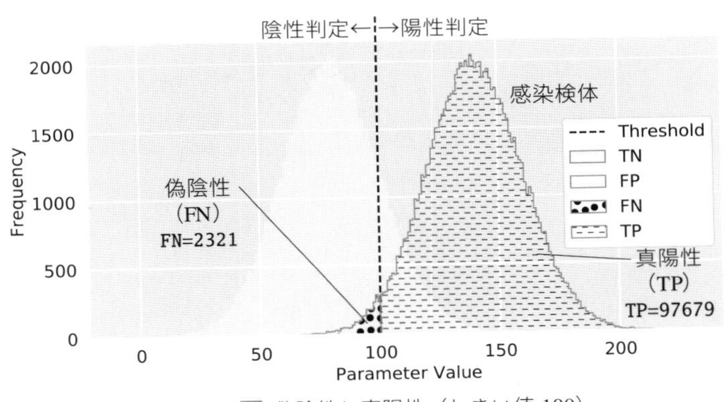

図 3.24 ■ 偽陰性と真陽性（しきい値 100）

- 破線の右側は「誤って陽性と判定」つまり**偽陽性（FP）**

となります．後でこの分類を評価するために，それぞれの検体数を表示しています．

次に，感染検体だけを見てみると，**図 3.24** のようになります．この図では

- 破線の左側は「誤って陰性と判定」つまり**偽陰性（FN）**
- 破線の右側は「正しく陽性と判定」つまり**真陽性（TP）**

となります．

分類名		定　義
TN	真陰性（True Negative）	非感染検体を，正しく陰性と判定
FP	偽陽性（False Positive）	非感染検体を，誤って陽性と判定
FN	偽陰性（False Negative）	感染検体を，誤って陰性と判定
TP	真陽性（True Positive）	感染検体を，正しく陽性と判定

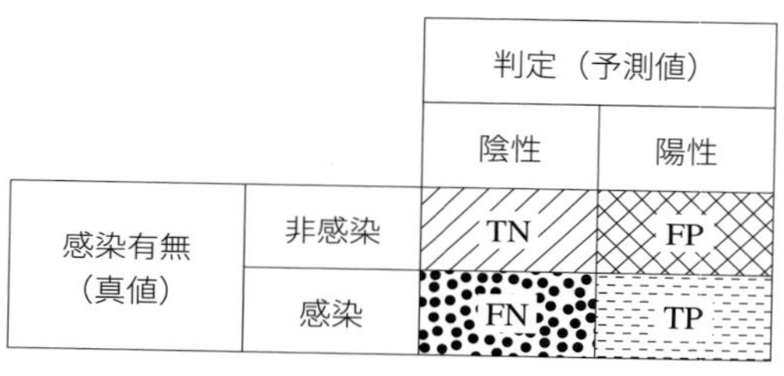

図 3.25 ■ 混同行列

		判定（予測値）	
		陰性	陽性
感染有無（真値）	非感染	84 006	15 994
	感染	2 321	97 679

図 3.26 ■ 混同行列（しきい値 100）

以上まとめると，**図 3.25** のようになり，TN，FP，FN，TP それぞれの検体を数えて表にしたのが混同行列です．しきい値を 100 にした場合の混同行列は，**図 3.26** のようになります．

次に，しきい値を 100 から 130 に変更してみると，ヒストグラムとしきい値の位置関係は**図 3.27**，**図 3.28** のようになります．しきい値 100 の場合に比べ，しきい値 130 の場合では偽陽性が減りましたが，その一方で偽陰性がかなり増えてしまいました．偽陰性は感染している検体を見逃しているわけです

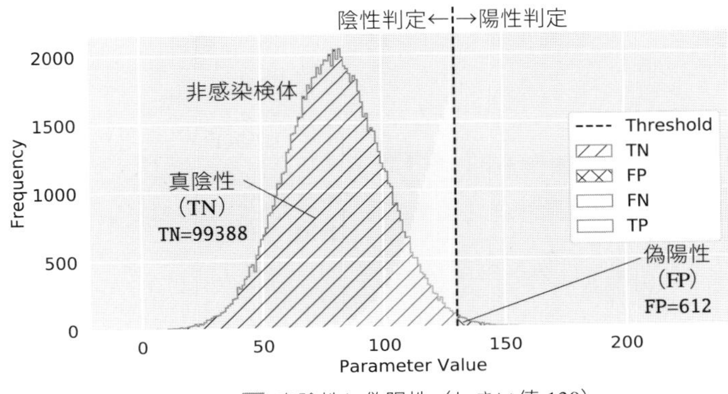

図 3.27 ■ 真陰性と偽陽性（しきい値 130）

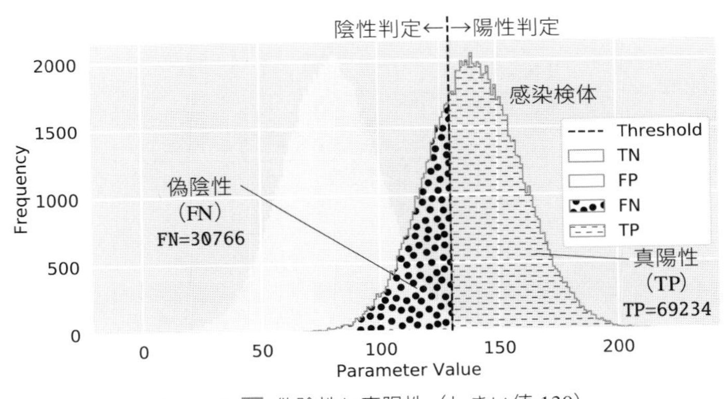

図 3.28 ■ 偽陰性と真陽性（しきい値 130）

から，実際の病理検査では良いこととはいえません．

しきい値 130 の場合の混同行列を作成してみると，**図 3.29** のようになります．ここからも，偽陰性がとても多くなっているのがわかります．

■ 評価指標

分類モデルを評価するためにいくつかの評価指標があり，それらを目的によって使い分けます．ここでは 4 つの指標を紹介します．

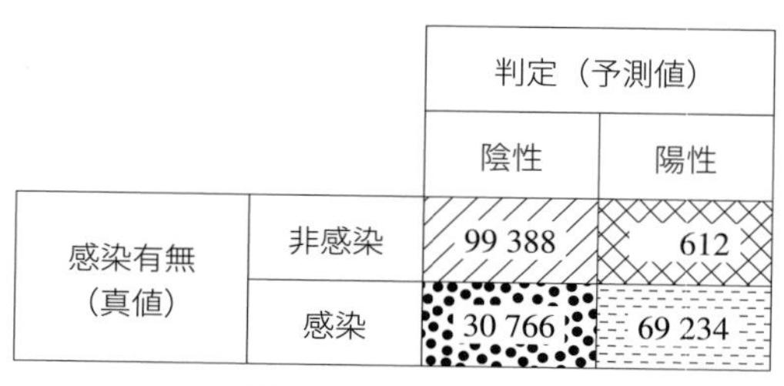

		判定（予測値）	
		陰性	陽性
感染有無（真値）	非感染	99 388	612
	感染	30 766	69 234

図 3.29 ■ 混同行列（しきい値 130）

①正解率（accuracy）

正解率は，全個体の中で正しく予測できたものの割合です．混同行列を使ってこの指標の意味を考えてみましょう．

ここで説明する 4 つの指標の中では最も単純明快で，次式で計算されます．

$$
\begin{aligned}
\text{正解率} &= \frac{\mathbf{TN} + \mathbf{TP}}{\mathbf{FN} + \mathbf{FP} + \mathbf{TN} + \mathbf{TP}} \\
&= \frac{(\text{正しく陰性と判定}) + (\text{正しく陽性と判定})}{(\text{全個体数})}
\end{aligned}
\tag{3.81}
$$

		判定（予測値）	
		陰性	陽性
感染有無（真値）	非感染	TN	FP
	感染	FN	TP

一見，この指標だけで評価は十分に可能と考えてしまいそうですが，もし非感染個体がほとんどで感染個体が極めてまれという場合，TN が FN・TP に比べ著しく大きい値になってしまいます．すると，もし FN と TP の識別がうまくいっていない場合でも正解率は極めて高い値になってしまい，偽陽性を見逃す結果になりかねません．

②適合率（precision）

適合率は，陽性と判定した中で正しく予測できたものの割合であり，次のように計算されます．

$$\text{適合率} = \frac{\mathbf{TP}}{\mathbf{FP} + \mathbf{TP}} = \frac{(\text{正しく陽性と判定})}{(\text{誤って陽性と判定}) + (\text{正しく陽性と判定})} \tag{3.82}$$

		判定（予測値）	
		陰性	陽性
感染有無（真値）	非感染	TN	FP
	感染	FN	TP

適合率が低ければ，陽性と判定されても本当は感染していない，すなわち偽陽性である可能性がかなりあるということです．逆に適合率が高ければ，陽性と判断されたらほぼ間違いなく感染しているということです．

③真陽性率（true positive rate; TPR）

真陽性率は，感染検体の中で正しく陽性と予測できたものの割合です．**再現率**（recall），**感度**（sensitivity）ともいい，次のように計算されます．

$$\text{真陽性率} = \frac{\mathbf{TP}}{\mathbf{FN} + \mathbf{TP}} = \frac{(\text{正しく陽性と判定})}{(\text{誤って陰性と判定}) + (\text{正しく陽性と判定})} \tag{3.83}$$

		判定（予測値）	
		陰性	陽性
感染有無（真値）	非感染	TN	FP
	感染	FN	TP

真陽性率が低ければ，実際には感染している個体を見逃して陰性と判定している，すなわち偽陰性の割合が高いということです．致死率の高い疫病ですと，これは由々しきことです．一方，真陽性率が高ければ，感染に対しほぼ抜

け漏れなく陽性判定できる分類モデルであることがわかります．

④偽陽性率（false positive rate; FPR）

偽陽性率は，非感染検体の中で誤って陽性と予測してしまったものの割合であり，次のように計算されます．

$$\begin{aligned}\text{偽陽性率} &= \frac{\mathbf{FP}}{\mathbf{TN}+\mathbf{FP}} \\ &= \frac{(\text{誤って陽性と判定})}{(\text{正しく陰性と判定})+(\text{誤って陽性と判定})}\end{aligned} \tag{3.84}$$

		判定（予測値）	
		陰性	陽性
感染有無（真値）	非感染	TN	FP
	感染	FN	TP

偽陽性率が高ければ，感染していないのに誤って陽性と判定される割合が高いということなので，する必要のない治療をされてしまう危険が高くなります．

3.3.4　ペンギン分類モデルの評価

前項の評価方法で，ペンギン分類モデルの評価をしてみましょう．

3.3.1 項と 3.3.2 項で扱った，ソフトマージン線形 SVM による Adelie Penguin の分類について評価を行い，混同行列を表示します．テスト用データを学習済みのソフトマージン分類モデルに入れた結果は，**図 3.30**(a) のようになります（図 3.20 再掲）．また，この分類モデルについての混同行列は，図 3.30(b) のようになります．

コード 3.2 は，図 3.30(b) を出力するコードです．

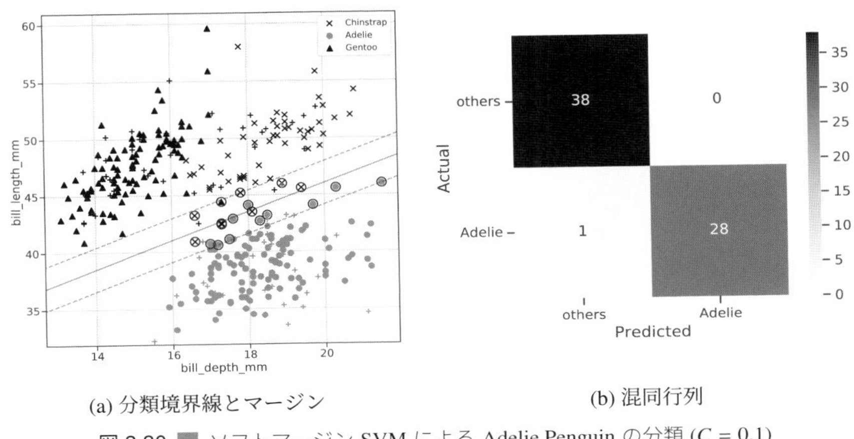

(a) 分類境界線とマージン　(b) 混同行列

図 3.30 ■ ソフトマージン SVM による Adelie Penguin の分類 ($C = 0.1$)

コード 3.2 ■ 図 3.30(b) の混同行列の出力

```
 1: from sklearn.metrics import confusion_matrix
 2:
 3: y_test_pred = clf.decision_function(X_test)
 4: y_test_len = len(y_test_pred)
 5:
 6: # ラベルの個数を取得
 7: y_test_pred_num = np.arange(y_test_len)
 8:
 9: # 分類モデルが出力するy_test_pred の値によって 0,1どちらに分類するか決定
10: for i in range(y_test_len):
11:   if y_test_pred[i] > 0:
12:     y_test_pred_num[i] = 1
13:   else:
14:     y_test_pred_num[i] = 0
15:
16: # 混同行列の出力
17: cm = confusion_matrix(y_test_num, y_test_pred_num)
18: cm = pd.DataFrame(data=cm, index=["others", "Adelie"],
19:                            columns=["others", "Adelie"])
20: sns.heatmap(cm, square=True, cbar=True, annot=True, cmap='Blues')
```

```
21: plt.yticks(rotation=0)
22: plt.xlabel("Predicted", fontsize=13, rotation=0)
23: plt.ylabel("Actual", fontsize=13)
24: plt.show()
```

なお，3.3.1 項と 3.3.2 項で触れた，ハードマージン線形 SVM による Gentoo Penguin の分類についての評価を行い出力される混同行列は，**図 3.31**(b) のようになります（本書に掲載しませんが，「はしがき」に載せた URL からコードをダウンロードして，実際に動かしてみてください）．

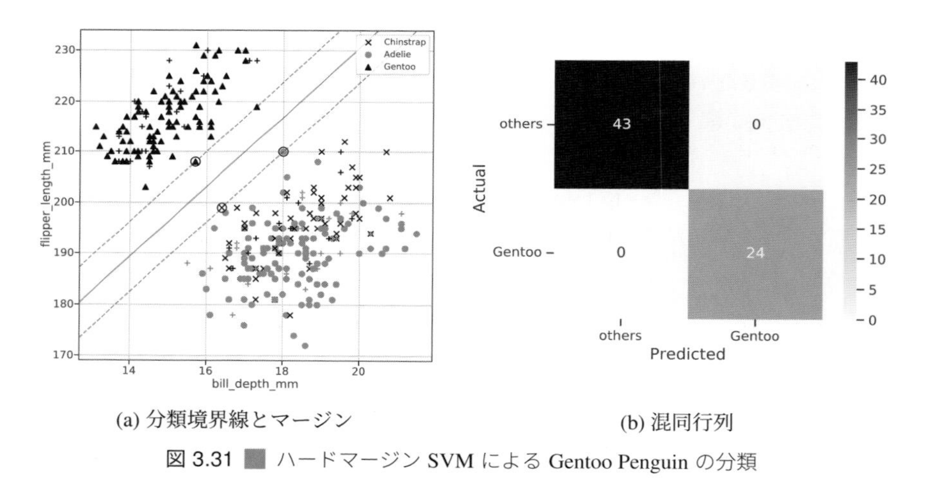

(a) 分類境界線とマージン　　(b) 混同行列

図 3.31 ハードマージン SVM による Gentoo Penguin の分類

第4章

非線形サポートベクトルマシン（非線形SVM）

前章で扱った線形 SVM は，点群のクラスの境界を表す方程式が線形関数でした．図形的には，線形関数は 2 次元では直線，3 次元では平面，4 次元以上では超平面というものを表します．一方，本章で扱う非線形 SVM は，点群のクラスの境界を表す方程式が非線形関数です．図形的には，非線形関数は 2 次元では曲線，3 次元では曲面，4 次元以上では超曲面というものを表します．非線形 SVM を使うと，線形 SVM ではうまく分類できなかった複雑な分類境界をもった 2 クラスの点群を分類できるようになります．

本章では，まず非線形 SVM による分類モデルを，カーネル法という手段を用いて構築する方法を解説し，次にその分類モデルを逐次最小最適化アルゴリズム（SMO）という手法で最適化する方法を解説します．

4.1 非線形SVM

本章では，実際のデータを使用して非線形分類モデルを構築します．使用するデータは，アヤメ（iris）の花の形状データです．元のデータは，Python のライブラリ seaborn からダウンロードしたものです[1]．このデータには，**図 4.1** に示す 3 種類のアヤメ setosa（ヒオウギアヤメ），versicolor（ブルーフラッグ），virginica（アイリス・バージニカ）について，下記の計測値が 50 セットずつ，計 150 セットのデータが含まれます．

- sepal_length ：がく片の長さ〔cm〕
- sepal_width ：がく片の幅〔cm〕
- petal_length ：花弁の長さ〔cm〕
- petal_width ：花弁の幅〔cm〕

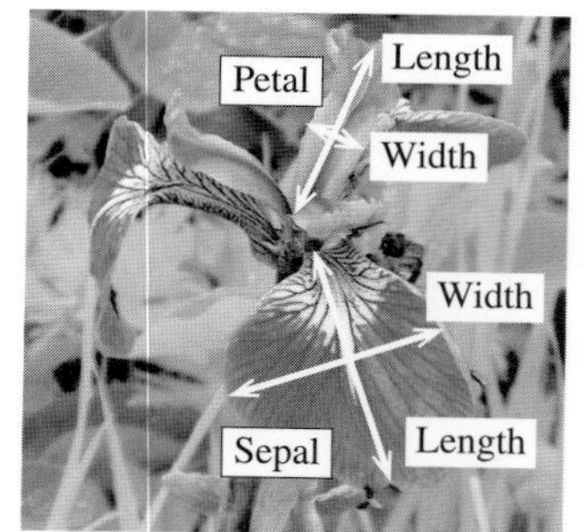

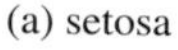
(a) setosa

(b) versicolor

(c) virginica

図 4.1 Iris.csv における 3 種類のアヤメ（iris）[2]

1） これ以外にも，Python の代表的なライブラリ scikit-learn などで同じデータが用意されています（ただし，見出しなど異なる部分があることに注意してください）．

2） (a)setosa:Miya.m-Miya.m's file, CC BY-SA 3.0,
https://commons.wikimedia.org/w/index.php?curid=977578
(b)versicolor:D. Gordon E. Robertson-Own work, CC BY-SA 3.0,
https://commons.wikimedia.org/w/index.php?curid=10227368
(c)virginica:Eric Hunt-Own work, CC BY-SA 4.0,
https://commons.wikimedia.org/w/index.php?curid=72555262

ここでは4つの項目の中から sepal_length と petal_length の2項目だけを使い，versicolor，virginica の分類を行ってみます．

図 4.2 を見ると，線形 SVM でも何とか分類はできそうです．実際，3.1.2項で解説したソフトマージン線形 SVM を使うと，**図 4.3** のようになります．とはいえ，**図 4.4** のような曲線の境界線を使うと，もっと良い分類ができそうです．

このような曲線による非線形な分類境界を求めるにはいくつかの方法がありますが，その中でも SVM へ応用される強力な手法がカーネル法です．

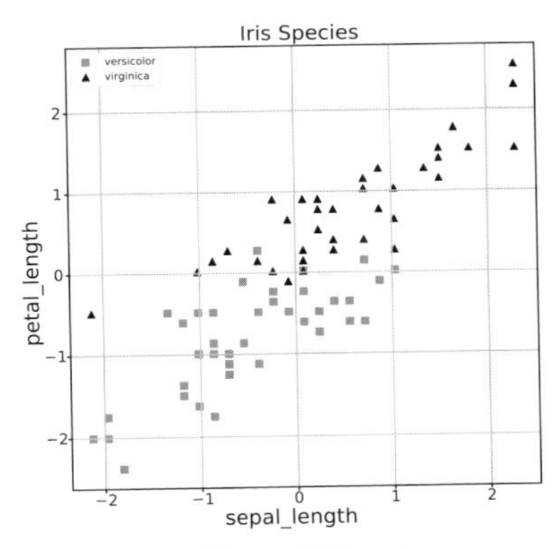

図 4.2 ■ Iris 分類のデータ

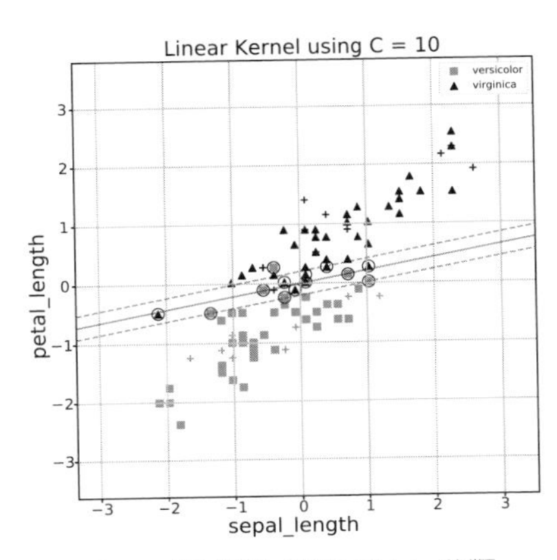

図 4.3 ■ 線形 SVM で Iris 分類

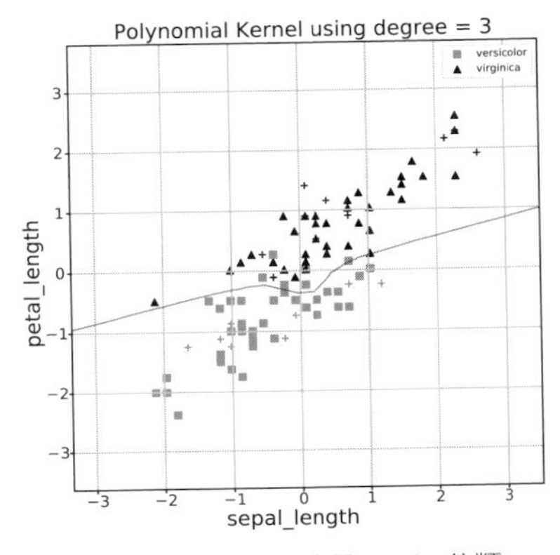

図 4.4 ■ 非線形境界で Iris 分類

4.1.1 カーネル法

ここに2つの n 次元ベクトル $\boldsymbol{x}_i, \boldsymbol{x}_j$ があります．

$$\boldsymbol{x}_i = (x_{i1}, x_{i2}, \cdots, x_{in})^\top \tag{4.1}$$

$$\boldsymbol{x}_j = (x_{j1}, x_{j2}, \cdots, x_{jn})^\top \tag{4.2}$$

これをある関数 $\boldsymbol{\phi}$ によって m 次元のベクトルに変換します．すなわち

$$\boldsymbol{\phi}(\boldsymbol{x}_i) = (\phi_1(\boldsymbol{x}_i), \phi_2(\boldsymbol{x}_i), \cdots, \phi_m(\boldsymbol{x}_i))^\top \tag{4.3}$$

$$\boldsymbol{\phi}(\boldsymbol{x}_j) = (\phi_1(\boldsymbol{x}_j), \phi_2(\boldsymbol{x}_j), \cdots, \phi_m(\boldsymbol{x}_j))^\top \tag{4.4}$$

と変換します．例えば**図 4.5** のような2クラスの点群の分布に，ある規則を使って**図 4.6** のような3次元の点群に変換することを考えます．「ある規則」というのは，ここでは2次元のベクトル

$$\boldsymbol{x}_i = (x_{i1}, x_{i2})^\top \tag{4.5}$$

を，ある関数 $\boldsymbol{\phi}$ を用いて

$$\boldsymbol{\phi}(\boldsymbol{x}_i) = (x_{i1}, x_{i2}, x_{i1}^2)^\top \tag{4.6}$$

と変換する規則です．すると，図 4.6 のように，3次元の線形関数で表される図形である平面で分類できるようになります．

この方法は安易に一般化できる保証はありませんが，この例のように，元の n 次元ではうまくいかなかった線形関数による分類（線形分類）が m 次元（$m > n$）では可能になる場合があります．**カーネル法**とは，関数 $\boldsymbol{\phi}$ をうまく選んでデータの次元をより高い次元に変換することで線形分類を可能にする方法です．

しかし，この線形分類のための計算量は，高次元化によって膨大になってしまいます．なぜなら，3.2.3 項で見たように，SVM の線形分類モデルを最適化する際には各データどうしの内積をとる必要があり，データの次元数の増加によって内積の計算量が爆発的に増えてしまうからです．

ところが，$\boldsymbol{\phi}$ をうまく選んでやることによって，もし内積 $\boldsymbol{\phi}(\boldsymbol{x}_i)^\top\boldsymbol{\phi}(\boldsymbol{x}_j)$ が $\boldsymbol{x}_i$, $\boldsymbol{x}_j$ の簡単な式で表せるならば，計算量の爆発を防ぐことが可能になります．ここは論より証拠，$n = 2$，$m = 3$ の場合の具体例を挙げることにしましょう．

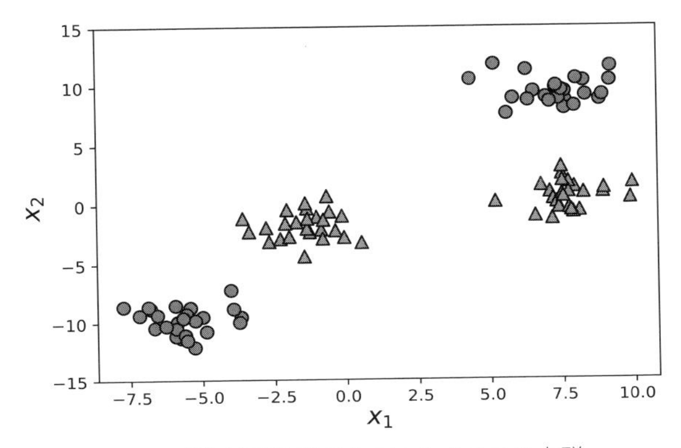

図 4.5 線形分類できない 2 クラスの点群

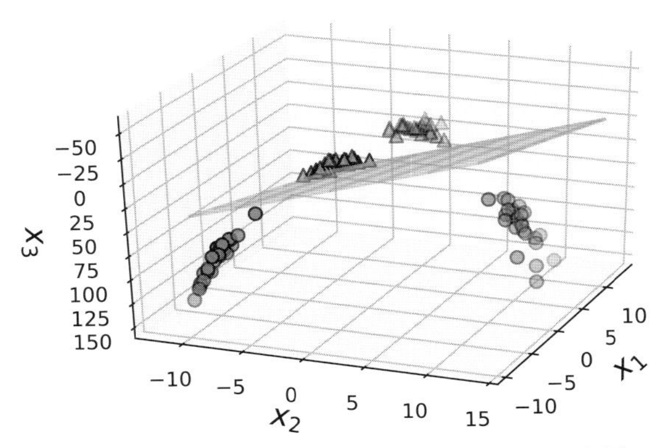

図 4.6 3 次元に変換することで線形分類可能になった図 4.5 の点群

例 4.1

2 次元ベクトル $\boldsymbol{x} = (x_1, x_2)$ についての関数

$$\boldsymbol{\phi}(\boldsymbol{x}) = ({x_1}^2,\ \sqrt{2}x_1 x_2, x_2^2)$$

を考える.

$$\boldsymbol{x}_i = (x_{i1}, x_{i2})^\top, \quad \boldsymbol{x}_j = (x_{j1}, x_{j2})^\top$$

は関数 $\boldsymbol{\phi}$ によって 3 次元ベクトル

$$\boldsymbol{\phi}(\boldsymbol{x}_i) = (x_{i1}^2,\ \sqrt{2}x_{i1}x_{i2}, x_{i2}^2)^\top$$
$$\boldsymbol{\phi}(\boldsymbol{x}_j) = (x_{j1}^2,\ \sqrt{2}x_{j1}x_{j2}, x_{j2}^2)^\top$$

に変換すると，次のように簡単な式になる．

$$\begin{aligned}\boldsymbol{\phi}(\boldsymbol{x}_i)^\top\boldsymbol{\phi}(\boldsymbol{x}_j) &= x_{i1}^2x_{j1}^2 + \sqrt{2}x_{i1}x_{i2}\cdot\sqrt{2}x_{j1}x_{j2} + x_{i2}^2x_{j2}^2\\ &= (x_{i1}x_{j1} + x_{i2}x_{j2})^2\\ &= (\boldsymbol{x}_i^\top\boldsymbol{x}_j)^2\end{aligned}$$

ここまで「2 次元ベクトルを関数 $\boldsymbol{\phi}$ で 3 次元ベクトルに変換する」としてきましたが，これは「2 次元空間から 3 次元空間に関数 $\boldsymbol{\phi}$ で写像する」といういいかたもできます（**図 4.7**，このときの $\boldsymbol{\phi}(\boldsymbol{x}_i)$ や $\boldsymbol{\phi}(\boldsymbol{x}_j)$ も特徴ベクトルと呼びます）．例 4.1 は，2 次元空間から写像した先の 3 次元空間での $\boldsymbol{\phi}(\boldsymbol{x}_i)^\top\boldsymbol{\phi}(\boldsymbol{x}_j)$ という内積の計算が，元の 2 次元空間のベクトル $\boldsymbol{x}_i$，$\boldsymbol{x}_j$ を用いて $(\boldsymbol{x}_i^\top\boldsymbol{x}_j)^2$ と簡単に求まってしまうというものです．その際，$\boldsymbol{\phi}(\boldsymbol{x}_i)$ と $\boldsymbol{\phi}(\boldsymbol{x}_j)$ の計算は実行する必要がないどころか，関数 $\boldsymbol{\phi}$ の形を知ることすら不要になります．

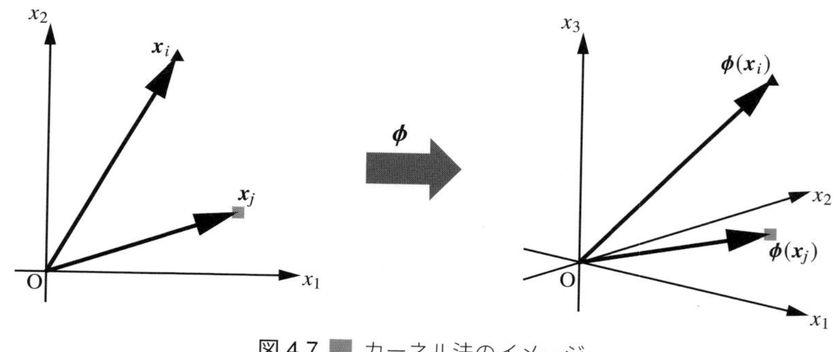

図 4.7 ■ カーネル法のイメージ

ここで，

$$k(\boldsymbol{x}_i, \boldsymbol{x}_j) = \boldsymbol{\phi}(\boldsymbol{x}_i)^\top\boldsymbol{\phi}(\boldsymbol{x}_j) \tag{4.7}$$

のように写像先の内積の形に表せる関数のことを**カーネル関数**，この $\boldsymbol{\phi}$ を**基底関数**と呼びます．また，写像先の内積 $\boldsymbol{\phi}(\boldsymbol{x}_i)^\top\boldsymbol{\phi}(\boldsymbol{x}_j)$ を，カーネル関数

$k(\boldsymbol{x}_i, \boldsymbol{x}_j)$ によって引数となる入力ベクトル $\boldsymbol{x}_i$, $\boldsymbol{x}_j$ から（多くの場合，入力ベクトルの内積 $\boldsymbol{x}_i^\top \boldsymbol{x}_j$ から）簡単に求められることを，**カーネルトリック**といいます．

カーネル関数が一般にどのような形であるかを導くのは本書の範囲を超えるので割愛しますが，結論を示すと，次のような条件を備えたものです．

- **条件 1（対称性）：** 任意の i, j について，カーネル関数 $k(\boldsymbol{x}_i, \boldsymbol{x}_j)$ は

$$k(\boldsymbol{x}_i, \boldsymbol{x}_j) = k(\boldsymbol{x}_j, \boldsymbol{x}_i) \tag{4.8}$$

を満たす．

- **条件 2（正値性）：** 各 i, j（ただし，$1 \leq i \leq n, 1 \leq j \leq n$ とする）についてのカーネル関数 $k(\boldsymbol{x}_i, \boldsymbol{x}_j)$ を成分とする行列（**グラム行列**という）

$$\boldsymbol{K} = \begin{pmatrix} k(\boldsymbol{x}_1, \boldsymbol{x}_1) & \cdots & k(\boldsymbol{x}_1, \boldsymbol{x}_n) \\ \vdots & \ddots & \vdots \\ k(\boldsymbol{x}_n, \boldsymbol{x}_1) & \cdots & k(\boldsymbol{x}_n, \boldsymbol{x}_n) \end{pmatrix} \tag{4.9}$$

は半正定値行列である．

条件 1 と**条件 2** を確認しておきましょう．

$$\boldsymbol{\phi}(\boldsymbol{x}_i) = (\phi_1(\boldsymbol{x}_i), \phi_2(\boldsymbol{x}_i), \cdots, \phi_m(\boldsymbol{x}_i))^\top \tag{4.10}$$

として，次のような $n \times n$ 行列 $\boldsymbol{A}$ を作ると，

$$\boldsymbol{A} = (\boldsymbol{\phi}(\boldsymbol{x}_1), \cdots, \boldsymbol{\phi}(\boldsymbol{x}_n)) = \begin{pmatrix} \phi_1(\boldsymbol{x}_1) & \cdots & \phi_1(\boldsymbol{x}_n) \\ \vdots & \ddots & \vdots \\ \phi_m(\boldsymbol{x}_1) & \cdots & \phi_m(\boldsymbol{x}_n) \end{pmatrix} \tag{4.11}$$

$$\begin{aligned} \boldsymbol{A}^\top \boldsymbol{A} &= \begin{pmatrix} \phi_1(\boldsymbol{x}_1) & \cdots & \phi_m(\boldsymbol{x}_1) \\ \vdots & \ddots & \vdots \\ \phi_1(\boldsymbol{x}_n) & \cdots & \phi_m(\boldsymbol{x}_n) \end{pmatrix} \begin{pmatrix} \phi_1(\boldsymbol{x}_1) & \cdots & \phi_1(\boldsymbol{x}_n) \\ \vdots & \ddots & \vdots \\ \phi_m(\boldsymbol{x}_1) & \cdots & \phi_m(\boldsymbol{x}_n) \end{pmatrix} \\ &= \begin{pmatrix} \boldsymbol{\phi}(\boldsymbol{x}_1)^\top \boldsymbol{\phi}(\boldsymbol{x}_1) & \cdots & \boldsymbol{\phi}(\boldsymbol{x}_1)^\top \boldsymbol{\phi}(\boldsymbol{x}_n) \\ \vdots & \ddots & \vdots \\ \boldsymbol{\phi}(\boldsymbol{x}_n)^\top \boldsymbol{\phi}(\boldsymbol{x}_1) & \cdots & \boldsymbol{\phi}(\boldsymbol{x}_n)^\top \boldsymbol{\phi}(\boldsymbol{x}_n) \end{pmatrix} \end{aligned} \tag{4.12}$$

より，$\boldsymbol{A}^\top\boldsymbol{A}$ は 2.2.4 項の式 (2.27) に示したように半正定値行列です．ここで，関数 $k(\boldsymbol{x}_i, \boldsymbol{x}_j)$ が，

$$k(\boldsymbol{x}_i, \boldsymbol{x}_j) = \boldsymbol{\phi}(\boldsymbol{x}_i)^\top\boldsymbol{\phi}(\boldsymbol{x}_j)$$

と $\boldsymbol{\phi}(\boldsymbol{x}_i)$，$\boldsymbol{\phi}(\boldsymbol{x}_j)$ の内積で書けるとすれば，内積の対称性から

$$k(\boldsymbol{x}_i, \boldsymbol{x}_j) = k(\boldsymbol{x}_j, \boldsymbol{x}_i) \tag{4.13}$$

と対称性をもち，しかも行列

$$\begin{aligned}\boldsymbol{K} &= \begin{pmatrix} k(\boldsymbol{x}_1, \boldsymbol{x}_1) & \cdots & k(\boldsymbol{x}_1, \boldsymbol{x}_n) \\ \vdots & \ddots & \vdots \\ k(\boldsymbol{x}_n, \boldsymbol{x}_1) & \cdots & k(\boldsymbol{x}_n, \boldsymbol{x}_n) \end{pmatrix} = \begin{pmatrix} \boldsymbol{\phi}(\boldsymbol{x}_1)^\top\boldsymbol{\phi}(\boldsymbol{x}_1) & \cdots & \boldsymbol{\phi}(\boldsymbol{x}_1)^\top\boldsymbol{\phi}(\boldsymbol{x}_n) \\ \vdots & \ddots & \vdots \\ \boldsymbol{\phi}(\boldsymbol{x}_n)^\top\boldsymbol{\phi}(\boldsymbol{x}_1) & \cdots & \boldsymbol{\phi}(\boldsymbol{x}_n)^\top\boldsymbol{\phi}(\boldsymbol{x}_n) \end{pmatrix} \\ &= \boldsymbol{A}^\top\boldsymbol{A} \end{aligned} \tag{4.14}$$

は半正定値行列です．

すなわち，関数

$$k(\boldsymbol{x}_i, \boldsymbol{x}_j) = \boldsymbol{\phi}(\boldsymbol{x}_i)^\top\boldsymbol{\phi}(\boldsymbol{x}_j) \tag{4.15}$$

はカーネル関数としての資格である前述の**条件 1**，**条件 2** を満たします．

では，次項で具体的なカーネル関数の例を挙げていきましょう．

4.1.2 カーネル関数の具体例

以下に挙げるカーネル関数は，代表的かつ有用なものですが，応用に関する詳細は巻末の参考文献などを参照してください．

■ 線形カーネル

$$k(\boldsymbol{x}_i, \boldsymbol{x}_j) = \boldsymbol{x}_i^\top\boldsymbol{x}_j \tag{4.16}$$

で定義されるカーネル関数を，**線形カーネル関数**といいます．基底関数は式 (4.7) と式 (4.16) を見比べて，

$$\boldsymbol{\phi}(\boldsymbol{x}) = \boldsymbol{x} \tag{4.17}$$

とすればよいことがわかります．特徴ベクトル $\boldsymbol{\phi}(\boldsymbol{x})$ が入力ベクトルそのものなので，実質的にはカーネル法を用いないのと同じです．

■ 多項式カーネル

$$k(\boldsymbol{x}_i, \boldsymbol{x}_j) = (\boldsymbol{x}_i^\top \boldsymbol{x}_j + c)^d \tag{4.18}$$

で定義されるカーネル関数を，**多項式カーネル関数**といいます．ここで，c は正の実数，d は正の整数で，いずれも最適化の過程で調整していく定数値，すなわちハイパーパラメータとしてチューニングしていく必要があります．

いま

$$\boldsymbol{x}_i = (x_{i1}, x_{i2}), \quad \boldsymbol{x}_j = (x_{j1}, x_{j2})$$

とし，また $d = 2$ とすると，多項式カーネル関数は

$$\begin{aligned}
&k(\boldsymbol{x}_i, \boldsymbol{x}_j)\\
&= (\boldsymbol{x}_i^\top \boldsymbol{x}_j + c)^2\\
&= (\boldsymbol{x}_i^\top \boldsymbol{x}_j)^2 + 2c\boldsymbol{x}_i^\top \boldsymbol{x}_j + c^2\\
&= (x_{i1}x_{j1} + x_{i2}x_{j2})^2 + 2c(x_{i1}x_{j1} + x_{i2}x_{j2}) + c^2\\
&= x_{i1}^2 x_{j1}^2 + x_{i2}^2 x_{j2}^2 + 2x_{i1}x_{j1}x_{i2}x_{j2} + 2cx_{i1}x_{j1} + 2cx_{i2}x_{j2} + c^2\\
&= (x_{i1}^2, x_{i2}^2, \sqrt{2}x_{i1}x_{i2}, \sqrt{2c}x_{i1}, \sqrt{2c}x_{i2}, c)(x_{j1}^2, x_{j2}^2, \sqrt{2}x_{j1}x_{j2}, \sqrt{2c}x_{j1}, \sqrt{2c}x_{j2}, c)^\top
\end{aligned}$$

とベクトルの成分を用いて表せるので，これを式 (4.7) と比べて，基底関数は

$$\boldsymbol{\phi}(\boldsymbol{x}) = (x_1^2, x_2^2, \sqrt{2}x_1x_2, \sqrt{2c}x_1, \sqrt{2c}x_2, c) \quad \text{（ただし，}\boldsymbol{x} = (x_1, x_2)\text{）}$$

となることがわかります．

なお，Python のライブラリ scikit-learn では

$$k(\boldsymbol{x}_i, \boldsymbol{x}_j) = \gamma(\boldsymbol{x}_i^\top \boldsymbol{x}_j + c)^d \tag{4.19}$$

と係数 γ が設けられ，γ と d の値を調整してモデルの性能を最適化します．

■ ガウスカーネル

$$k(\boldsymbol{x}_i, \boldsymbol{x}_j) = \exp\left(-\frac{\|\boldsymbol{x}_i - \boldsymbol{x}_j\|^2}{2\sigma^2}\right) \tag{4.20}$$

で定義されるカーネル関数を，**ガウスカーネル関数**といいます．ここで，σ は実数のハイパーパラメータです．ガウスカーネル関数の基底関数を求めるのは面倒ですし，カーネルトリックを使うだけならばわざわざ基底関数を求める必要はないのですが，気になる人も多いと思いますので導いておきましょう．このカーネル関数を変形すると，

$$\begin{aligned} k(\boldsymbol{x}_i, \boldsymbol{x}_j) &= \exp\left(-\frac{\|\boldsymbol{x}_i - \boldsymbol{x}_j\|^2}{2\sigma^2}\right) \\ &= \exp\left(-\frac{\|\boldsymbol{x}_i\|^2 - 2\boldsymbol{x}_i^\top \boldsymbol{x}_j + \|\boldsymbol{x}_j\|^2}{2\sigma^2}\right) \\ &= \exp\left(-\frac{\|\boldsymbol{x}_i\|^2}{2\sigma^2}\right)\exp\left(\frac{\boldsymbol{x}_i^\top \boldsymbol{x}_j}{\sigma^2}\right)\exp\left(-\frac{\|\boldsymbol{x}_j\|^2}{2\sigma^2}\right) \end{aligned}$$

ここで，マクローリン展開（2.4.6 項参照）を適用すると，

$$\begin{aligned} \exp\left(\frac{\boldsymbol{x}_i^\top \boldsymbol{x}_j}{\sigma^2}\right) &= \sum_{n=0}^{\infty} \frac{1}{n!}\left(\frac{\boldsymbol{x}_i^\top \boldsymbol{x}_j}{\sigma^2}\right)^n \\ &= \sum_{n=0}^{\infty} \frac{1}{n!}\left(\frac{x_{i1}x_{j1} + x_{i2}x_{j2}}{\sigma^2}\right)^n \\ &= \sum_{n=0}^{\infty} \frac{1}{n!(\sigma^n)^2} \sum_{k=0}^{n} \frac{n!}{k!(n-k)!}(x_{i1}x_{j1})^k (x_{i2}x_{j2})^{n-k} \\ &= \sum_{n=0}^{\infty} \frac{1}{(\sigma^n)^2} \sum_{k=0}^{n} \frac{1}{k!(n-k)!}(x_{i1}^k x_{i2}^{n-k})(x_{j1}^k x_{j2}^{n-k}) \end{aligned}$$

したがって，

$$\begin{aligned} k(x_i, x_j) = \exp\left(-\frac{\|\boldsymbol{x}_i\|^2}{2\sigma^2}\right)&\exp\left(-\frac{\|\boldsymbol{x}_j\|^2}{2\sigma^2}\right) \\ &\times \left\{\sum_{n=0}^{\infty} \frac{1}{\sigma^{2n}} \sum_{k=0}^{\infty} \frac{1}{k!(n-k)!}(x_{i1}^k x_{i2}^{n-k})(x_{j1}^k x_{j1}^{n-k})\right\} \end{aligned}$$

となります．そこで，

$$\boldsymbol{\phi}(\boldsymbol{x}) = \exp\left(-\frac{\|\boldsymbol{x}\|^2}{2\sigma^2}\right)$$
$$\times\left(1, \frac{x_1}{\sigma}, \frac{x_2}{\sigma}, \frac{x_1^2}{\sqrt{2}\sigma^2}, \frac{x_1 x_2}{\sigma^2}, \frac{x_2^2}{\sqrt{2}\sigma^2}, \frac{x_1^3}{\sqrt{3}\sigma^3}, \frac{x_1^2 x_2}{\sqrt{2}\sigma^3}, \frac{x_1 x_2^2}{\sqrt{2}\sigma^3}, \frac{x_1^3}{\sqrt{3}\sigma^3},\right.$$
$$\left.\cdots, \left.\frac{x_1^k x_2^{n-k}}{\sqrt{k!(n-k)!}\sigma^n}\right|_{\substack{n=0,1,2,\cdots \\ 0\leq k\leq n}}, \cdots\right) \tag{4.21}$$

という無限次元の特徴ベクトルを用意すれば，式 (4.20) は

$$k(\boldsymbol{x}_i, \boldsymbol{x}_j) = \boldsymbol{\phi}(\boldsymbol{x}_i)^\top \boldsymbol{\phi}(\boldsymbol{x}_j)$$

となり，ガウスカーネル関数は特徴ベクトルの内積で表せます．ここで強調したいのは，式 (4.22) で表される無限次元の特徴ベクトルやその内積をいちいち求めなくても，式 (4.21) を用いて簡単にカーネル関数値を得られるのがカーネルトリックの優れた点であることです．

なお，scikit-learn は式を簡単に

$$k(\boldsymbol{x}_i, \boldsymbol{x}_j) = \exp\left(-\gamma\|\boldsymbol{x}_i - \boldsymbol{x}_j\|^2\right) \tag{4.22}$$

として，γ の値を調整してモデルの性能を最適化します．

■ シグモイドカーネル

$$k(\boldsymbol{x}_i, \boldsymbol{x}_j) = \tanh(\gamma \boldsymbol{x}_i^\top \boldsymbol{x}_j + c) \tag{4.23}$$

で定義されるカーネル関数を**シグモイドカーネル関数**といいます．ここで，γ, c は実数のハイパーパラメータです．また，tanh はハイパボリックタンジェントという関数で，次のように定義されます．

$$\tanh x = \frac{\exp x - \exp(-x)}{\exp x + \exp(-x)}$$

式 (4.23) に関するグラム行列は必ずしも半正定値行列ではないのですが，扱いやすい関数であるために使われることが多いです．

4.1.3 カーネル化 SVM の定式化

前項で，線形分類が困難な入力ベクトル

$$\boldsymbol{x} = (x_1, x_2, \cdots, x_n)^\top$$

を基底関数

$$\boldsymbol{\phi}(\boldsymbol{x}) = (\phi_1(\boldsymbol{x}), \phi_2(\boldsymbol{x}), \cdots, \phi_m(\boldsymbol{x}))^\top$$

で高次元の空間に写像することで線形分類が可能になる場合があり，その際に計算量爆発を回避し得る，カーネルトリックという方法を紹介しました．

本項では，いよいよこのカーネル法を SVM に適用してみましょう．

SVM にカーネル法を適用し，さらにカーネルトリックの恩恵にあずかろうとしたら，単一の入力値ベクトル $\boldsymbol{x}$ の写像 $\boldsymbol{\phi}(\boldsymbol{x})$ ではなく，複数の入力値ベクトル $\boldsymbol{x}_i$，$\boldsymbol{x}_j$ の写像どうしの内積 $\boldsymbol{\phi}(\boldsymbol{x}_i)^\top\boldsymbol{\phi}(\boldsymbol{x}_j)$ だけで構成された式がほしいところです．それにおあつらえ向きなのが，3.2.3 項で紹介した SVM 双対問題です．

まず，3.1.2 項で説明したように，ソフトマージン線形 SVM 最適化問題は次のようでした．

ソフトマージン線形 SVM の最適化ロジック【再掲】

$$\min_{\boldsymbol{w},b,\boldsymbol{\xi}} \frac{1}{2}\|\boldsymbol{w}\|^2 + C\sum_{i=1}^{n}\xi_i$$

$$\text{subject to} \quad t_i(\boldsymbol{w}^\top\boldsymbol{x}_i + b) \geq 1 - \xi_i, \quad \xi_i \geq 0 \quad (i = 1, 2, \cdots, n)$$

この最適化問題を解くためのラグランジュ関数は，次のようになります．

$$L(\boldsymbol{w}, b, \boldsymbol{\alpha}, \boldsymbol{\beta}, \boldsymbol{\xi}) = \frac{1}{2}\|\boldsymbol{w}\|^2 + C\sum_{i=1}^{n}\xi_i + \sum_{i=1}^{n}\alpha_i(1 - \xi_i - t_i(\boldsymbol{w}^\top\boldsymbol{x}_i + b)) + \sum_{i=1}^{n}\beta_i(-\xi_i) \tag{4.24}$$

これをラグランジュの未定乗数 α_i についての最適化問題に書き換えると，次のような双対問題になりました．

ソフトマージン線形 SVM の最適化ロジック（双対問題）【再掲】

$$\max_{\alpha} L(\boldsymbol{\alpha}) = -\frac{1}{2}\sum_{i=1}^{n}\sum_{j=1}^{n}\alpha_i\alpha_j t_i t_j \boldsymbol{x}_i^{\top}\boldsymbol{x}_j + \sum_{i=1}^{n}\alpha_i$$
$$\text{subject to} \quad \sum_{i=1}^{n}\alpha_i t_i = 0, \quad 0 \leq \alpha_i \leq C \quad (i = 1, 2, \cdots, n)$$

さて，入力ベクトルを基底関数 $\boldsymbol{\phi}$ によって，より高次元の空間に写像すると，次のようなカーネル化されたソフトマージン線形 SVM 双対問題の最適化ロジックが得られます．

$\boldsymbol{\phi}$ で写像後のソフトマージン線形 SVM の最適化ロジック（双対問題）

$$\max_{\alpha} L(\boldsymbol{\alpha}) = -\frac{1}{2}\sum_{i=1}^{n}\sum_{j=1}^{n}\alpha_i\alpha_j t_i t_j \boldsymbol{\phi}(\boldsymbol{x}_i)^{\top}\boldsymbol{\phi}(\boldsymbol{x}_j) + \sum_{i=1}^{n}\alpha_i$$
$$\text{subject to} \quad \sum_{i=1}^{n}\alpha_i t_i = 0, \quad 0 \leq \alpha_i \leq C \quad (i = 1, 2, \cdots, n)$$

そしてカーネル関数 $k(\boldsymbol{x}_i, \boldsymbol{x}_j) = \boldsymbol{\phi}(\boldsymbol{x}_i)^{\top}\boldsymbol{\phi}(\boldsymbol{x}_j)$ を用いると，上のロジックは，次のように書き換えられます．

カーネル化されたソフトマージン線形 SVM の最適化ロジック（双対問題）

$$\max_{\alpha} L(\boldsymbol{\alpha}) = -\frac{1}{2}\sum_{i=1}^{n}\sum_{j=1}^{n}\alpha_i\alpha_j t_i t_j k(\boldsymbol{x}_i, \boldsymbol{x}_j) + \sum_{i=1}^{n}\alpha_i \tag{4.25}$$
$$\text{subject to} \quad \sum_{i=1}^{n}\alpha_i t_i = 0, \quad 0 \leq \alpha_i \leq C \quad (i = 1, 2, \cdots, n) \tag{4.26}$$

このロジックをさらに見やすくするために，次のように成分表示をベクトルや行列を定義し，置き換えます．

$$\boldsymbol{\alpha} = (\alpha_1, \alpha_2, \cdots, \alpha_n)^\top$$
$$\boldsymbol{\beta} = (\alpha_1 t_1, \alpha_2 t_2, \cdots, \alpha_n t_n)^\top$$
$$\boldsymbol{t} = (t_1, t_2, \cdots, t_n)^\top$$
$$\boldsymbol{K} = \begin{pmatrix} k(\boldsymbol{x}_1, \boldsymbol{x}_1) & \cdots & k(\boldsymbol{x}_1, \boldsymbol{x}_n) \\ \vdots & \ddots & \vdots \\ k(\boldsymbol{x}_n, \boldsymbol{x}_1) & \cdots & k(\boldsymbol{x}_n, \boldsymbol{x}_n) \end{pmatrix}$$

すると，式 (4.26) において

$$\begin{aligned}
&\sum_{i=1}^{n}\sum_{j=1}^{n} \alpha_i \alpha_j t_i t_j k(\boldsymbol{x}_i, \boldsymbol{x}_j) \\
&= (\alpha_1 t_1, \alpha_2 t_2, \cdots, \alpha_n t_n) \begin{pmatrix} \sum_{j=1}^{n} \alpha_j t_j k(\boldsymbol{x}_1, \boldsymbol{x}_j) \\ \sum_{j=1}^{n} \alpha_j t_j k(\boldsymbol{x}_2, \boldsymbol{x}_j) \\ \vdots \\ \sum_{j=1}^{n} \alpha_j t_j k(\boldsymbol{x}_n, \boldsymbol{x}_j) \end{pmatrix} \\
&= (\alpha_1 t_1, \alpha_2 t_2, \cdots, \alpha_n t_n) \begin{pmatrix} k(\boldsymbol{x}_1, \boldsymbol{x}_1) & \cdots & k(\boldsymbol{x}_1, \boldsymbol{x}_n) \\ \vdots & \ddots & \vdots \\ k(\boldsymbol{x}_n, \boldsymbol{x}_1) & \cdots & k(\boldsymbol{x}_n, \boldsymbol{x}_n) \end{pmatrix} \begin{pmatrix} \alpha_1 t_1 \\ \alpha_2 t_2 \\ \vdots \\ \alpha_n t_n \end{pmatrix} \\
&= \boldsymbol{\beta}^\top \boldsymbol{K} \boldsymbol{\beta}
\end{aligned}$$

また，t_i は 1 か -1 なので，$t_i^2 = 1$ ゆえ，

$$\sum_{i=1}^{n} \alpha_i = \sum_{i=1}^{n} t_i^2 \alpha_i = (t_1, t_2, \cdots, t_n) \begin{pmatrix} \alpha_1 t_1 \\ \alpha_2 t_2 \\ \vdots \\ \alpha_n t_n \end{pmatrix} = \boldsymbol{t}^\top \boldsymbol{\beta}$$

さらに，式 (4.26) において，$\boldsymbol{e} = (1, 1, \cdots, 1)^\top$，すなわち，成分がすべて 1

の n 次元ベクトル $\boldsymbol{e}$ を用いると

$$\sum_{i=1}^{n} \alpha_i t_i = \sum_{i=1}^{n} \beta_i = \boldsymbol{e}^\top \boldsymbol{\beta}$$

となり，不等式制約 $0 \leq \alpha_i \leq C$ に t_i をかけると，

$t_i = 1$ の場合，$0 \leq \alpha_i t_i \leq C$

$t_i = -1$ の場合，$-C \leq \alpha_i t_i \leq 0$

となります．したがって先のロジックは，次のように書き換えられます．

カーネル化されたソフトマージン線形 SVM の最適化ロジック（双対問題）

$$\max_{\boldsymbol{\beta}} L(\boldsymbol{\beta}) = -\frac{1}{2}\boldsymbol{\beta}^\top \boldsymbol{K}\boldsymbol{\beta} + \boldsymbol{t}^\top \boldsymbol{\beta}$$

subject to　$\boldsymbol{e}^\top \boldsymbol{\beta} = 0$　（$\boldsymbol{e}$ は成分がすべて 1 の n 次元ベクトル）

$t_i = 1$ の場合 $0 \leq \beta_i \leq C$，　$t_i = -1$ の場合 $-C \leq \beta_i \leq 0$

$(i = 1, 2, \cdots, n)$

以上で，ソフトマージン線形 SVM をカーネル法によって非線形問題に対応できる形にしました．次節では，双対問題，すなわち上式の $\boldsymbol{\beta}$ を最適化して分類問題を解きます．

4.2 非線形SVMの最適化

3.2.3 項では線形 SVM による分類モデルの最適化に先立ち，線形 SVM を双対問題に変換するところまで解説し，実際に最適解を求める過程は本節に譲るとしました．

ここからいよいよ最適解を求める過程を解説しますが，ここで解説するのは非線形分類に適用可能な，カーネル化された SVM による分類モデルの最適化です．では線形 SVM のほうはどうなったのかというと，4.1.2 項で述べた線形カーネルを用いたカーネル化された SVM の最適化として，この解説に含まれることになります．

SVM による分類モデルの最適化は「線形制約をもつ凸二次計画問題」という最適化問題に帰着できます．この最適化問題については既に多くの研究がありさまざまな解法が提案されています．そのそれぞれの解法について論じることは本書の範囲を超えますので割愛しますが，そのほとんどが最適解の探索効率が悪い，あるいはカーネル法のように高次元化されたデータを扱うことが苦手であることが知られています．

そうした解法の中にあって，次に紹介する**逐次最小最適化アルゴリズム**（sequential minimal optimization; **SMO**）は，比較的効率よく最適解を探索できるアルゴリズムとして知られています．そこで本書では，SMO についてのみ詳しく解説することにします．

4.2.1 逐次最小最適化アルゴリズム（SMO）

本項では SMO を，4.1.3 項に出てきたカーネル化されたソフトマージン線形 SVM 最適化問題を解く過程を通して解説します．

解くべき問題を再掲します．

カーネル化されたソフトマージン線形 SVM の最適化ロジック（双対問題）【再掲】

$$\max_{\boldsymbol{\beta}} L(\boldsymbol{\beta}) = -\frac{1}{2}\boldsymbol{\beta}^\top \boldsymbol{K}\boldsymbol{\beta} + \boldsymbol{t}^\top\boldsymbol{\beta} \tag{4.27}$$

subject to $\boldsymbol{e}^\top\boldsymbol{\beta} = 0$ （$\boldsymbol{e}$ は成分がすべて 1 の n 次元ベクトル）

$t_i = 1$ の場合 $0 \leq \beta_i \leq C$, $t_i = -1$ の場合 $-C \leq \beta_i \leq 0$

$(i = 1, 2, \cdots, n)$

$$\boldsymbol{\beta} = (\beta_1, \beta_2, \cdots, \beta_n)^\top \tag{4.28}$$

$$\boldsymbol{t} = (t_1, t_2, \cdots, t_n)^\top \tag{4.29}$$

$$\boldsymbol{K} = \begin{pmatrix} k(\boldsymbol{x}_1, \boldsymbol{x}_1) & \cdots & k(\boldsymbol{x}_1, \boldsymbol{x}_n) \\ \vdots & \ddots & \vdots \\ k(\boldsymbol{x}_n, \boldsymbol{x}_1) & \cdots & k(\boldsymbol{x}_n, \boldsymbol{x}_n) \end{pmatrix} \tag{4.30}$$

です．なお，式 (4.26) の $\boldsymbol{\alpha}$ と $\boldsymbol{\beta}$ の間には，次のような関係があります．

$$\boldsymbol{\alpha} = (\alpha_1, \alpha_2, \cdots, \alpha_n)^\top \tag{4.31}$$

$$\boldsymbol{\beta} = (\beta_1, \beta_2, \cdots, \beta_n)^\top = (\alpha_1 t_1, \alpha_2 t_2, \cdots, \alpha_n t_n)^\top \tag{4.32}$$

この最適化問題を解く SMO のアルゴリズムの骨格は，次のとおりです．

カーネル化されたソフトマージン線形 SVM の SMO による最適化ステップ

Step 1. $\boldsymbol{\beta}$ の成分 $\beta_1, \beta_2, \cdots, \beta_n$ の中から重複なく β_i, β_j （$i \neq j$）を選ぶ．

Step 2. β_i, β_j だけを変数とし，それ以外の $\boldsymbol{\beta}$ の成分を固定して 2 変数の最適化問題を解く．

Step 3. 最適化終了条件を満たしていたら **Step 4** へ．満たしてなければ **Step 1** へ戻る．

Step 4. $\alpha_i = t_i\beta_i$ から $\alpha_1, \alpha_2, \cdots, \alpha_n$ を求める．

Step 5. $b = \dfrac{1}{n}\displaystyle\sum_i \left(t_i - \sum_j \beta_j \boldsymbol{x}_j^\top \boldsymbol{x}_i \right)$ から b を求める（i, j は $0 < \alpha_i < C, 0 < \alpha_j < C$ を満たす正の整数で，n はその個数）．

いま考えている最適化問題は，もともとは式 (4.27) に最大値を与える式 (4.31) を求めるものでした．これにラベル（分類のどちらのクラスに属するかを示す）(4.29) を成分ごとにかけたのが式 (4.32) です．この $\boldsymbol{\beta}$ の成分を更新して最適解を探索するのが，本節のゴールです．

例えば，一定間隔でそれぞれの成分を変化させていき最適解をしらみつぶしに探していくという，グリッドサーチのような方法で最適解を与える $\boldsymbol{\beta}$ を求める方法も，この最適化問題の解法として考えられます．しかし，ここで出てくる n は学習用データの個数ですので，データ量が大きくなるにつれ計算量が膨大になってしまいます．

そこで SMO では，$\boldsymbol{\beta}$ の成分からランダムに選んだ β_i, β_j というたった 2 つの成分を更新する，という操作を繰り返すことで，式 (4.27) に最大値を与える $\boldsymbol{\beta}$ に徐々に近づいていきます．

4.2.2 非線形 SVM 最適化の方法

前項に示した各 **Step** を詳しく見ていきましょう．

■ Step 1

β_i, β_j はランダムに選びます．ほかにも最適化計算の収束の速さを上げる選びかたが考案されていますが，選びかたを解説するだけでもかなりのボリュームになりますので，本書では割愛します．

■ Step 2

β_i, β_j（$i \neq j$）を $\beta_i + \Delta\beta_i, \beta_j + \Delta\beta_j$ に更新するとします．$\boldsymbol{\beta}$ のこの 2 つの成分以外はそのままで，かつ制約条件

$$\boldsymbol{e}^\top \boldsymbol{\beta} = (1, 1, \cdots, 1) \begin{pmatrix} \beta_1 \\ \beta_2 \\ \vdots \\ \beta_n \end{pmatrix} = \sum_{k=1}^{n} \beta_k = \beta_1 + \beta_2 + \cdots + \beta_n = 0 \tag{4.33}$$

があるので

$$\beta_i + \beta_j = (\beta_i + \Delta\beta_i) + (\beta_j + \Delta\beta_j)$$
$$\therefore \quad \Delta\beta_i + \Delta\beta_j = 0$$
$$\therefore \quad \Delta\beta_j = -\Delta\beta_i \tag{4.34}$$

を得ます．すると，最大化するラグランジュ関数 (4.27)

$$L(\boldsymbol{\beta}) = -\frac{1}{2}\boldsymbol{\beta}^\top \boldsymbol{K}\boldsymbol{\beta} + \boldsymbol{t}^\top\boldsymbol{\beta}$$

のうち，β_i, β_j 以外の全く動かない成分は除いてしまって，次のような新たな関数を最大化すればよいことになります．

$$\begin{aligned}
&-\frac{1}{2}(\beta_i+\Delta\beta_i, \beta_j+\Delta\beta_j)\begin{pmatrix} k(\boldsymbol{x}_i, \boldsymbol{x}_i) & k(\boldsymbol{x}_i, \boldsymbol{x}_j) \\ k(\boldsymbol{x}_j, \boldsymbol{x}_i) & k(\boldsymbol{x}_j, \boldsymbol{x}_j) \end{pmatrix}\begin{pmatrix} \beta_i+\Delta\beta_i \\ \beta_j+\Delta\beta_j \end{pmatrix} + (t_i, t_j)\begin{pmatrix} \beta_i+\Delta\beta_i \\ \beta_j+\Delta\beta_j \end{pmatrix} \\
&= -\frac{1}{2}\{k(\boldsymbol{x}_i, \boldsymbol{x}_i)(\beta_i+\Delta\beta_i)^2 + k(\boldsymbol{x}_i, \boldsymbol{x}_j)(\beta_i+\Delta\beta_i)(\beta_j+\Delta\beta_j) \\
&\qquad + k(\boldsymbol{x}_j, \boldsymbol{x}_i)(\beta_i+\Delta\beta_i)(\beta_j+\Delta\beta_j) + k(\boldsymbol{x}_j, \boldsymbol{x}_j)(\beta_j+\Delta\beta_j)^2\} \\
&\qquad\qquad + t_i(\beta_i+\Delta\beta_i) + t_j(\beta_j+\Delta\beta_j) \\
&= -\frac{1}{2}\{k(\boldsymbol{x}_i, \boldsymbol{x}_i)(\beta_i{}^2 + 2\beta_i\Delta\beta_i + \Delta\beta_i{}^2) \\
&\qquad + k(\boldsymbol{x}_i, \boldsymbol{x}_j)(\beta_i\beta_j + \beta_i\Delta\beta_j + \beta_j\Delta\beta_i + \Delta\beta_i\Delta\beta_j) \\
&\qquad + k(\boldsymbol{x}_j, \boldsymbol{x}_i)(\beta_i\beta_j + \beta_i\Delta\beta_j + \beta_j\Delta\beta_i + \Delta\beta_i\Delta\beta_j) \\
&\qquad + k(\boldsymbol{x}_j, \boldsymbol{x}_j)(\beta_j{}^2 + 2\beta_j\Delta\beta_j + \Delta\beta_j{}^2)\} \\
&\qquad\qquad + t_i(\beta_i+\Delta\beta_i) + t_j(\beta_j+\Delta\beta_j)
\end{aligned} \tag{4.35}$$

ここで，カーネル関数の対称性の式 (4.8) と式 (4.34) を使い，さらに $\beta_i{}^2$ や $\beta_i\beta_j$，$\beta_j{}^2$ という $\Delta\beta_i$ に連動して値が動かない項を除外することで，結局次の関数 $L_s(\Delta\beta_i)$ を最大化すればよいことになります．

$$
\begin{aligned}
L_s(\Delta\beta_i) = &-\frac{1}{2}\{k(\boldsymbol{x}_i, \boldsymbol{x}_i)(2\beta_i\Delta\beta_i + \Delta\beta_i{}^2) \\
&\quad + k(\boldsymbol{x}_i, \boldsymbol{x}_j)(-\beta_i\Delta\beta_i + \beta_j\Delta\beta_i - \Delta\beta_i{}^2) \\
&\quad + k(\boldsymbol{x}_i, \boldsymbol{x}_j)(-\beta_i\Delta\beta_i + \beta_j\Delta\beta_i - \Delta\beta_i{}^2) \\
&\quad + k(\boldsymbol{x}_j, \boldsymbol{x}_j)(-2\beta_j\Delta\beta_i + \Delta\beta_i{}^2)\} \\
&\quad + t_i\Delta\beta_i - t_j\Delta\beta_i \\
= &-\frac{1}{2}(k(\boldsymbol{x}_i, \boldsymbol{x}_i) - 2k(\boldsymbol{x}_i, \boldsymbol{x}_j) + k(\boldsymbol{x}_j, \boldsymbol{x}_j))\Delta\beta_i{}^2 \\
&\quad + (t_i - t_j - \beta_i k(\boldsymbol{x}_i, \boldsymbol{x}_i) + \beta_i k(\boldsymbol{x}_i, \boldsymbol{x}_j) \\
&\quad - \beta_j k(\boldsymbol{x}_i, \boldsymbol{x}_j) + \beta_j k(\boldsymbol{x}_j, \boldsymbol{x}_j))\Delta\beta_i
\end{aligned} \tag{4.36}
$$

式 (4.36) は $\Delta\beta_i$ についての上に凸な 2 次関数より，極大値を与える $\Delta\beta_i{}^*$ は，

$$
\begin{aligned}
\frac{\partial L_s(\Delta\beta_i)}{\partial\Delta\beta_i} &= -(k(\boldsymbol{x}_i, \boldsymbol{x}_i) - 2k(\boldsymbol{x}_i, \boldsymbol{x}_j) + k(\boldsymbol{x}_j, \boldsymbol{x}_j))\Delta\beta_i \\
&\quad + (t_i - t_j - \beta_i k(\boldsymbol{x}_i, \boldsymbol{x}_i) + \beta_i k(\boldsymbol{x}_i, \boldsymbol{x}_j) - \beta_j k(\boldsymbol{x}_i, \boldsymbol{x}_j) + \beta_j k(\boldsymbol{x}_j, \boldsymbol{x}_j)) \\
&= 0
\end{aligned} \tag{4.37}
$$

より，次のようになります．

$$
\Delta\beta_i{}^* = \frac{t_i - t_j - \beta_i k(\boldsymbol{x}_i, \boldsymbol{x}_i) + \beta_i k(\boldsymbol{x}_i, \boldsymbol{x}_j) - \beta_j k(\boldsymbol{x}_i, \boldsymbol{x}_j) + \beta_j k(\boldsymbol{x}_j, \boldsymbol{x}_j)}{k(\boldsymbol{x}_i, \boldsymbol{x}_i) - 2k(\boldsymbol{x}_i, \boldsymbol{x}_j) + k(\boldsymbol{x}_j, \boldsymbol{x}_j)} \tag{4.38}
$$

一方，$\Delta\beta_i$ のとり得る値の範囲は，

$t_i = 1$ のとき，$0 \le \beta_i + \Delta\beta_i \le C$

$\therefore \quad -\beta_i \le \Delta\beta_i \le C - \beta_i$

$t_j = 1$ のとき，$0 \le \beta_j + \Delta\beta_j \le C$

$\therefore \quad 0 \le \beta_j - \Delta\beta_i \le C \quad \therefore \quad \beta_j - C \le \Delta\beta_i \le \beta_j$

$t_i = -1$ のとき，$-C \le \beta_i + \Delta\beta_i \le 0$

$\therefore \quad -C - \beta_i \le \Delta\beta_i \le -\beta_i$

$t_j = -1$ のとき，$-C \le \beta_j + \Delta\beta_j \le 0$

$\therefore \quad -C \le \beta_j - \Delta\beta_i \le 0 \quad \therefore \quad \beta_j \le \Delta\beta_i \le \beta_j + C$

したがって，$\Delta\beta_i$ の最適値 $\Delta\beta_{iopt}$ は，次のように解析的に求められます．

$t_i = 1$, $t_j = 1$ のとき,

$$\Delta\beta_{i\mathrm{opt}} = \begin{cases} \max(-\beta_i, \beta_j - C) & \Delta\beta_i{}^* < \max(-\beta_i, \beta_j - C) \text{ の場合} \\ \Delta\beta_i{}^* & \max(-\beta_i, \beta_j - C) \le \Delta\beta_i{}^* \le \min(C - \beta_i, \beta_j) \text{ の場合} \\ \min(C - \beta_i, \beta_j) & \min(C - \beta_i, \beta_j) < \Delta\beta_i{}^* \text{ の場合} \end{cases}$$

$t_i = 1$, $t_j = -1$ のとき,

$$\Delta\beta_{i\mathrm{opt}} = \begin{cases} \max(-\beta_i, \beta_j) & \Delta\beta_i{}^* < \max(-\beta_i, \beta_j) \text{ の場合} \\ \Delta\beta_i{}^* & \max(-\beta_i, \beta_j) \le \Delta\beta_i{}^* \le \min(C - \beta_i, \beta_j + C) \text{ の場合} \\ \min(C - \beta_i, \beta_j + C) & \min(C - \beta_i, \beta_j + C) < \Delta\beta_i{}^* \text{ の場合} \end{cases}$$

$t_i = -1$, $t_j = 1$ のとき,

$$\Delta\beta_{i\mathrm{opt}} = \begin{cases} \max(-C - \beta_i, \beta_j - C) & \Delta\beta_i{}^* < \max(-C - \beta_i, \beta_j - C) \text{ の場合} \\ \Delta\beta_i{}^* & \max(-C - \beta_i, \beta_j - C) \le \Delta\beta_i{}^* \le \min(-\beta_i, \beta_j) \text{ の場合} \\ \min(-\beta_i, \beta_j) & \min(-\beta_i, \beta_j) < \Delta\beta_i{}^* \text{ の場合} \end{cases}$$

$t_i = -1$, $t_j = -1$ のとき,

$$\Delta\beta_{i\mathrm{opt}} = \begin{cases} \max(-C - \beta_i, \beta_j) & \Delta\beta_i{}^* < \max(-C - \beta_i, \beta_j) \text{ の場合} \\ \Delta\beta_i{}^* & \max(-C - \beta_i, \beta_j) \le \Delta\beta_i{}^* \le \min(-\beta_i, \beta_j + C) \text{ の場合} \\ \min(-\beta_i, \beta_j + C) & \min(-\beta_i, \beta_j + C) < \Delta\beta_i{}^* \text{ の場合} \end{cases}$$

■ Step 3

β_i, β_j を $\beta_i + \Delta\beta_{i\mathrm{opt}}, \beta_j - \Delta\beta_{i\mathrm{opt}}$ に更新し，その値を使って式 (4.27) の $L(\boldsymbol{\beta})$ の値を計算し，例えば，一定値以下しか $L(\boldsymbol{\beta})$ の値が改善されない，あるいは，**Step 1**〜**Step 3** の繰返し回数が一定値以上に達したというような終了条件を満たしたら **Step 4** に進み，満たさなければ **Step 1** に戻ります．

■ Step 4

式 (4.27) の最大値を与える $\boldsymbol{\beta}$ から $\boldsymbol{\alpha}$ を求めます．

■ Step 5

式 (4.27) の最大値を与える $\boldsymbol{\beta}$ から b を求めます．

以上で SMO を用いてカーネル化された SVM を最適化し，最適化された $\boldsymbol{\alpha}$ と b を得ることができます．次節では，このようにして得た $\boldsymbol{\alpha}$ と b を使って非線形分類モデルを作ります．

4.3 非線形SVMによる分類問題の解法

4.3.1 カーネル化SVMによる非線形分類モデル

もともとの線形 SVM の分類モデルは，分類すべき新しいデータを

$$\boldsymbol{x} = (x_1, x_2, \cdots, x_n)^\top \tag{4.39}$$

重みベクトルを

$$\boldsymbol{u} = (u_1, u_2, \cdots, u_n)^\top \tag{4.40}$$

として，決定関数

$$y(\boldsymbol{x}) = \boldsymbol{u}^\top \boldsymbol{x} + b \tag{4.41}$$

の値の正負によって，例えば，次のようにクラスを分けます.

- $y(\boldsymbol{x}) > 0$ ならば Adelie ペンギン
- $y(\boldsymbol{x}) \leq 0$ ならばそれ以外のペンギン

では，分類すべき新しいデータ (4.39) をカーネル化した SVM に投入してみましょう．まずデータ (4.39) を基底関数 $\boldsymbol{\phi}$ によってより高次元の m 次元空間 $(m > n)$ ベクトルに変換します.

$$\boldsymbol{\phi}(\boldsymbol{x}) = (\phi_1(\boldsymbol{x}), \phi_2(\boldsymbol{x}), \cdots, \phi_m(\boldsymbol{x}))^\top \tag{4.42}$$

重みベクトルを

$$\boldsymbol{w} = (w_1, w_2, \cdots, w_m)^\top \tag{4.43}$$

として，決定関数

$$y(\boldsymbol{x}) = \boldsymbol{w}^\top \boldsymbol{\phi}(\boldsymbol{x}) + b \tag{4.44}$$

の値の正負によって，例えば，次のようにクラスを分けます.

- $y(\boldsymbol{x}) > 0$ ならば Adelie ペンギン
- $y(\boldsymbol{x}) \leq 0$ ならばそれ以外のペンギン

とはいえ，このまま計算をすると，$\boldsymbol{\phi}(\boldsymbol{x})$ の次元 m が非常に大きい場合は計算量が爆発的に増えてしまいます．実際，多くの場合 m は n に比べはるかに大きく，4.1.2 項のガウスカーネルを用いた場合のように無限次元ということもあります．

そこで，線形 SVM の最適化過程で導出された式 (3.54)，すなわち

$$\boldsymbol{u} = \sum_{i=1}^{N} \alpha_i t_i \boldsymbol{x}_i$$

という式を再び使います．ただし，ここでは学習用データの数 n は N に，$\boldsymbol{w}$ は $\boldsymbol{u}$ にそれぞれ変えてあります．まず，$\boldsymbol{x}_i$ を先ほど同様に基底関数 $\boldsymbol{\phi}$ によってより高次元の m 次元空間ベクトルに変換します．すなわち，

$$\boldsymbol{w} = \sum_{i=1}^{N} \alpha_i t_i \boldsymbol{\phi}(\boldsymbol{x}_i) \tag{4.45}$$

を式 (4.45) に代入すると，

$$y(\boldsymbol{x}) = \sum_{i=1}^{N} \alpha_i t_i \boldsymbol{\phi}(\boldsymbol{x}_i)^\top \boldsymbol{\phi}(\boldsymbol{x}) + b \tag{4.46}$$

が得られますが，ここでカーネルトリックを使い，$\boldsymbol{\phi}(\boldsymbol{x}_i)^\top \boldsymbol{\phi}(\boldsymbol{x})$ をカーネル関数に置き換えると，次式をを得ます．

$$y(\boldsymbol{x}) = \sum_{i=1}^{N} \alpha_i t_i k(\boldsymbol{x}_i, \boldsymbol{x}) + b \tag{4.47}$$

$\alpha_i \neq 0$ なのはサポートベクトルだけなので，新しいデータ $\boldsymbol{x}$ のクラス分類には $\boldsymbol{x}$ とサポートベクトルの内積だけ求めればよく，サポートベクトル以外のデータは計算に一切使わないので，計算量はきわめて小さくなります．

一方，b の値は，式 (3.67) で n を N に変えた

$$b = \frac{1}{n_{SV}} \sum_{\substack{i=1 \\ \alpha_i>0}}^{N} \left(t_i - \sum_{\substack{j=1 \\ \alpha_j>0}}^{N} \alpha_j t_j \boldsymbol{x}_j^\top \boldsymbol{x}_i \right) \tag{4.48}$$

をカーネル化し，

$$b = \frac{1}{n_{SV}} \sum_{\substack{i=1 \\ \alpha_i>0}}^{N} \left(t_i - \sum_{\substack{j=1 \\ \alpha_j>0}}^{N} \alpha_j t_j k(\boldsymbol{x}_i, \boldsymbol{x}_j) \right) \tag{4.49}$$

という式から計算できます．これも計算には n_{SV} 個のサポートベクトルだけを使うため，計算量はきわめて小さくなります．

4.3.2　カーネル化 SVM による分類問題の解法

前項までで，カーネル法を用いた SVM による分類問題を解くための理論は一通り解説しました．本項では，1.3 節で示した機械学習分類モデルの作りかたに沿って，カーネル法を用いた SVM 分類モデルを構築する手順をおさらいしてみましょう．

■ 分類モデル構築の流れ

まず，カーネル化 SVM に限らず機械学習分類モデル構築の一般的な流れを示します．

機械学習分類モデル構築の流れ【再掲】

Step 1. データ準備
- ①　データの読み込み
- ②　トレーニング用データとテスト用データに分割
- ③　データクレンジング
- ④　特徴量エンジニアリング
- ⑤　数値データのスケーリング

Step 2. トレーニング用データを用いた分類モデルの学習
- ①　初期モデルの作成

② ハイパーパラメータの設定
③ 交差検証用にトレーニング用データを k 個に分割
④ 交差検証（k 個のうち 1 個を順に検証用データ，残りを学習用データとしてモデルのトレーニングを k 回実行）
(0) $n = 1$ とする
(1) n 番目の学習用データによるモデルの学習
(2) n 番目の検証用データによるモデル性能の評価
(3) $n = k$ ならば **Step 2** ⑤へ，$n < k$ ならば n を $n + 1$ とし **Step 2** ④ (1) へ
⑤ 交差検証の評価の平均を求め，終了条件を満たしていたら **Step 2** ⑥へ，満たしていなければ **Step 2** ②へ
⑥ 最も良い評価のハイパーパラメータで，全てのトレーニング用データを使ったトレーニング実行

Step 3. テスト用データを用いた分類モデルパフォーマンスの推定
Step 4. 分類モデルのデプロイ
Step 5. 分類モデルの運用

それでは，上記の **Step** に従って二値分類モデルをカーネル化 SVM によって構築する流れを，Python のコードを添えて具体的に見ていきましょう．

■ Step 1. データ準備

Step 1 ①では，解析するデータを読み込むところから始めます．今回は scikit-learn の make_moons という擬似データ生成関数を使って配列を作成し，それを pandas の DataFrame に読み込むことにします．

関数 make_moons は**図 4.8** のように上向き，下向きの弧状に並んだ 2 つの点群をランダムに生成します．

Step 1 ②では，**Step 3** での汎化性能などの運用前の最終性能チェック用に，テスト用データ（ホールドアウトサブセットともいいます）を取り分けておきます．一般的には，データセットの 20% 程度をランダムに選び出し，取り分けておきます．このテスト用データはあくまでも最終チェック用として用いるデータですので，けっしてチューニングのためには使わないようにしてください．

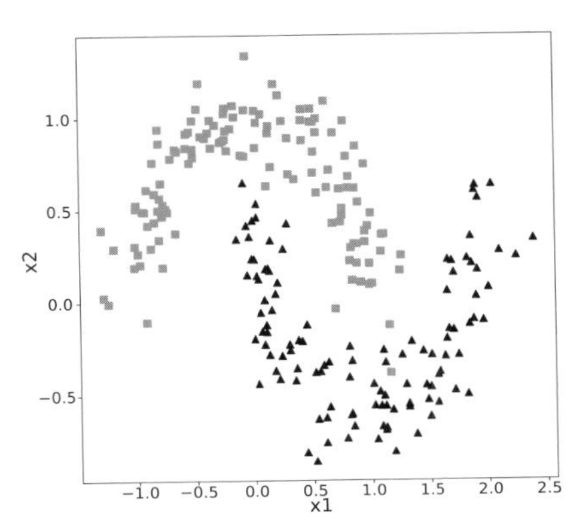

図 4.8 ■ make_moons で生成した点群

ところで，実運用で使用する生データはデータの欠損や重複，単位やデータ型の不正などがほぼ例外なく存在し，分類モデルの学習に支障をきたすことがあります．こうしたいわば「汚れたデータ」を分類モデル学習用にきれいにするのが，**Step 1** ③です．実際にはデータ欠損を中央値や平均値で埋めたり，データ型を正しいものに変換したりという作業となります（今回のデータは関数 make_moons で生成した「きれいなデータ」ですので，ここはスキップします）．

Step 1 ④における特徴量は，分類モデルに入力する各データのことです．今回は x1，x2 の 2 つです．特徴量エンジニアリングとは，手元の特徴量を組み合わせたりデータ変換したりすることで，分類モデルの性能を向上させる可能性のある新たな特徴量を作る作業ですが，そこにはドメイン知識やデータに関するさまざまな情報を駆使する経験と知見が求められます．そういう意味で，ここはデータサイエンティストの腕の見せ所となります（今回使用するのは，make_moons によって作成された擬似データですので，ここはスキップすることにします）．

Step 1 ⑤におけるスケーリングの方法には，標準化と正規化がありました．

分類モデルの仕様上，入力値が 0 と 1 の間に収まっている必要がある場合には正規化を選択することになりますが，はずれ値の存在によって他のノーマルなデータが極めて狭い範囲に押し込められてしまう問題もあります．一方，標準化は変換後のデータの上下限の制限がないので，はずれ値の影響はほとんど受けずに済みます．

今回の make_moons が作成したデータについては，極端なはずれ値はなく特徴量ごとの分布領域の広さの違いもほとんどないので，スケーリングの効果はあまり期待できませんが，ひとまず，標準化を選択することにします．標準化によってスケーリングしたデータは，**図 4.9** のように原点が平均になるような分類になります．

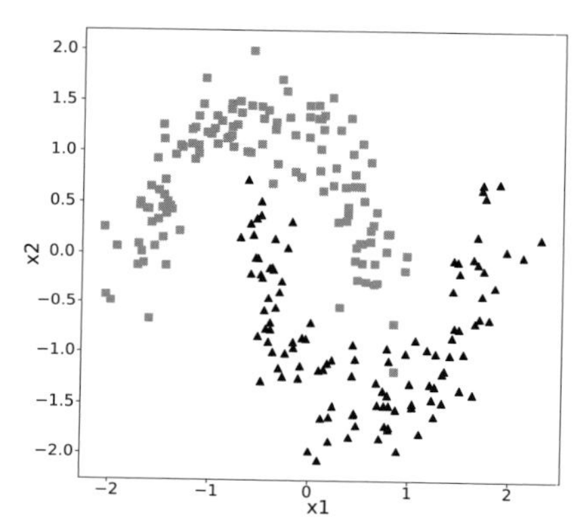

図 4.9 ■ make_moons で生成した点群（スケーリング化後）

Step 1（データ準備）の部分のコードは**コード 4.1** のようになります．

コード 4.1 ■ **Step 1** のコード

```
1: import numpy as np
2: import pandas as pd
3: from sklearn.datasets import make_moons
4: import sklearn.model_selection
5: from sklearn.svm import SVC
6: from sklearn.model_selection import train_test_split
7: from sklearn.preprocessing import StandardScaler
8: from sklearn.metrics import confusion_matrix
9: from sklearn.metrics import accuracy_score
10: from sklearn.metrics import precision_score
11: from sklearn.metrics import recall_score
12: from sklearn.metrics import classification_report
13: import matplotlib.pyplot as plt
```

```
14: import seaborn as sns
15:
16: # データをプロットする関数を定義
17: def pt_plot(x1_x2, label):
18:     # 図のサイズを設定
19:     plt.figure(figsize=(12, 8))
20:     # x 軸の名前
21:     plt.xlabel('x1', size="large")
22:     # y 軸の名前
23:     plt.ylabel('x2', size="large")
24:     # データの個数
25:     datalen = len(x1_x2)
26:     # データごとに繰り返す
27:     for cnt in range(datalen):
28:       # もしラベルが 0ならば,四角形でグレーのマーカーで点を打つ
29:       if label[cnt] == 0:
30:         plt.scatter(x1_x2[:,0][cnt],x1_x2[:,1][cnt], \
31:                     marker='s', s=50, c="grey")
32:       # もしラベルが 1ならば,三角形で黒のマーカーで点を打つ
33:       elif label[cnt] == 1:
34:         plt.scatter(x1_x2[:,0][cnt],x1_x2[:,1][cnt], \
35:                     marker='^', s=50, c="black")
36:
37: # 偽陽性率を算出する関数
38: def false_positive_rate(y_true, y_pred):
39:     tn, fp, fn, tp = confusion_matrix(y_true, y_pred).flatten()
40:     return fp / (tn + fp)
41:
42: # Step 1. データ準備
43: # Step 1①データの読み込み
44: features_org, true_labels_org = make_moons(
45:   n_samples=300,
46:   noise=0.15,
47:   random_state=0
48: )
49: # Step 1② トレーニングデータとテストデータに分割
50: features, test_features, true_labels, test_true_labels = \
```

```
51:   train_test_split(features_org, true_labels_org, \
52:                    test_size=0.2, random_state=0)
53: pt_plot(features, true_labels)
54: # Step 1⑤ 数値データのスケーリング
55: scaler = StandardScaler()
56: scaled_features = scaler.fit_transform(features)
57: pt_plot(scaled_features, true_labels)
58: plt.show()
```

■ Step 2. トレーニング用データを用いた分類モデルの学習

Step 2 ①では，モデルの構造部分を作成します．Python のライブラリを使うので，とりあえず決めるのはカーネル関数を何にするかです．今回は，

- 多項式カーネル：$k(\boldsymbol{x}_i, \boldsymbol{x}_j) = \gamma(\boldsymbol{x}_i^\top \boldsymbol{x}_j + c)^d$
- ガウスカーネル：$k(\boldsymbol{x}_i, \boldsymbol{x}_j) = \exp(-\gamma\|\boldsymbol{x}_i - \boldsymbol{x}_j\|^2)$
- シグモイドカーネル：$k(\boldsymbol{x}_i, \boldsymbol{x}_j) = \tanh(a\boldsymbol{x}_i^\top \boldsymbol{x}_j + b)$

の 3 つを使ってそれぞれ分類モデルを作成し比較します．

Step 2 ②では，分類モデルに含まれるハイパーパラメータと呼ばれる定数を学習用データによって最適化していきます．まず，ソフトマージン SVM に使う C の値です．この値をいろいろと変化させて，最適な値を探索します．

また，カーネル関数はそれぞれハイパーパラメータをもっていますので，これも変化させて，最適な値を探索します．多項式カーネルの場合は d，ガウスカーネルは γ，シグモイドカーネルは a，b が該当します．

Step 2 ③では，下記の交差検証を行うためにまず k の値を設定し，トレーニング用データを k 個に分割します．

Step 2 ④における交差検証は，次のようなモデルのトレーニング法です．まず，トレーニング用データをランダムに同じ個数ずつ k グループに分割します．次にそのグループを 1 つずつ順番に検証用データとみなし，それ以外のグループのデータは学習用データとみなし，分類モデルを学習させ，学習終了後に検証用データを用いて分類モデルのパフォーマンスを見ます．小ステップに分けてステップを書くと本項冒頭のカコミのようになります．

Step 2 のコードは**コード 4.2** のようになります．

コード 4.2 ■ **Step 2** のコード

```
1: # Step 2. トレーニング用データを用いた分類モデルの学習
2: # Step 2① 初期モデルの作成
3: # Step 2② ハイパーパラメータの設定
4: # カーネルはガウスカーネル使用
5: knl = 'rbf'
6: # カーネルに多項式カーネルを採用(#を外すと有効)
7: # knl = 'poly'
8: # カーネルにシグモイドカーネルを採用(#を外すと有効)
9: # knl = 'sigmoid'
10: # γを 5に設定
11: gma = 5
12: # 多項式カーネル採用時に次数を 5に設定
13: dgr = 2
14: # コストパラメータC のリスト
15: c_values = [0.01, 0.1, 1.0, 10, 100]
16: # Step 2③ 交差検証用にトレーニング用データを分割
17: k = 5
18: skf = sklearn.model_selection.StratifiedKFold(n_splits=k,
19:                              random_state=0, shuffle=True)
20:
21: # Step 2④ 交差検証
22: # 評価指標のリスト
23: scoring = ['f1_macro', 'precision_macro', 'recall_macro']
24: scores = None
25: # C の値を変化させながら学習,テスト
26: for c in c_values:
27:     if knl=='rbf':
28:         clf = SVC(kernel=knl, C=c, gamma=gma)
29:     elif knl=='poly':
30:         clf = SVC(kernel=knl, C=c, gamma=gma, degree=dgr)
31:     else:
32:         clf = SVC(kernel=knl, C=c)
33:
34:     score = sklearn.model_selection.cross_validate(
35:         clf,
```

```
36:         scaled_features,
37:         true_labels,
38:         scoring=scoring,
39:         cv=skf,
40:         )
41:     x = pd.concat([pd.Series(np.full(k, c), name='C'), \
42:                   pd.DataFrame(score)], axis=1)
43:     scores = pd.concat([scores, x])
44:     # Step 2⑤ 終了条件判定
45: print(scores)
46: 
47: # Step 2⑥ 最良パラメータで全トレーニング用データ使いトレーニング
48: best_c = scores.loc[scores.loc[:, 'test_f1_macro'] \
49:                   == max(scores.loc[:, 'test_f1_macro']), \
50:                   'C'].values[0]
51: 
52: if knl == 'rbf':
53:     clf = SVC(kernel=knl, C=best_c, gamma=gma)
54:     print('kernel=', knl)
55:     print('bestC=', best_c)
56:     print('gamma=', gma)
57: elif knl == 'poly':
58:     clf = SVC(kernel=knl, C=best_c, degree=dgr)
59:     print('kernel=', knl)
60:     print('bestC=', best_c)
61:     print('degree=', dgr)
62:     print('gamma=', gma)
63: elif knl == 'sigmoid':
64:     clf = SVC(kernel=knl, C=best_c)
65:     print('kernel=', knl)
66:     print('bestC=', best_c)
67: 
68: clf.fit(scaled_features, true_labels)
```

■ Step 3. テスト用データを用いた分類モデルパフォーマンスの推定

Step 2 で作成した分類モデルを使って，**Step 1** ②で取り分けたテスト用データを分類します．まず，**コード 4.2** から，次のように出力されます．

kernel= rbf（カーネル関数はガウスカーネル）

bestC= 0.1（最適な C）

gamma= 5（γ）

次に，**コード 4.3** で分類モデルの評価指標が次のように出力されます．

Accuracy: 0.9666666666666667（正解率）

Precision: 1.0（適合率）

Recall: 0.9459459459459459（真陽性率）

False positive rate: 0.0（偽陽性率）

このときの混同行列と分類結果は，**図 4.10** のように出力されます．

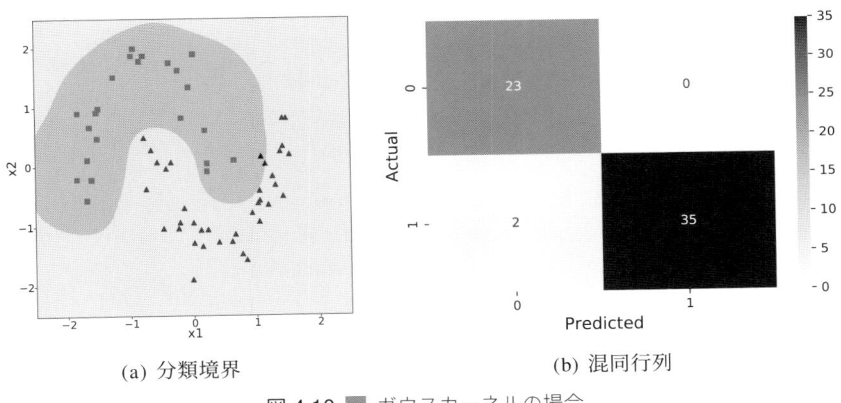

(a) 分類境界　(b) 混同行列

図 4.10 ■ ガウスカーネルの場合

また，コード 4.2 でカーネル関数をシグモイドカーネルにすると，次のように出力されます．

kernel= sigmoid（カーネル関数はシグモイドカーネル）

bestC= 0.01（最適な C）

このとき，コード 4.3 で分類モデルの評価指標が次のように出力されます．

Accuracy: 0.8166666666666667（正解率）

Precision: 0.90625（適合率）

Recall: 0.7837837837837838（真陽性率）

False positive rate: 0.13043478260869565（偽陽性率）

このときの混同行列と分類結果は，**図 4.11** のように出力されます．

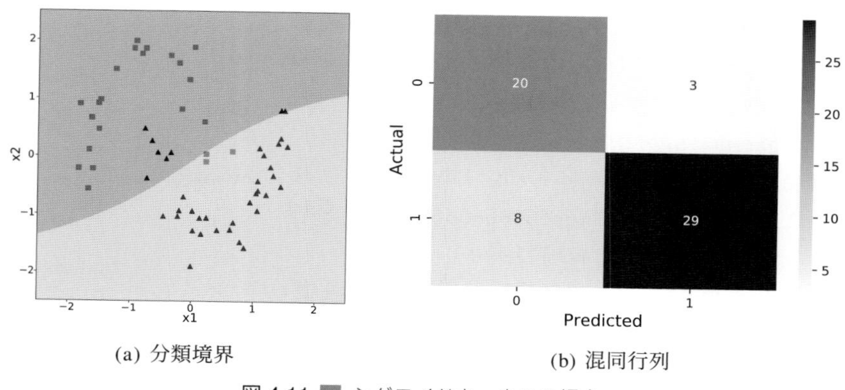

(a) 分類境界　(b) 混同行列

図 4.11 ■ シグモイドカーネルの場合

コード 4.3 ■ **Step 3** のコード

```
1: # Step 3. テスト用データを用いた分類モデルパフォーマンスの推定
2: # テスト用データのスケーリング
3: scaled_test_features = scaler.fit_transform(test_features)
4: # Step 2で作ったモデルでテスト用データを分類
5: pred_labels = clf.predict(scaled_test_features)
6: # 評価指標の値を算出
7: print(f'Accuracy : \
8:   {accuracy_score(y_true=test_true_labels, y_pred=pred_labels)}')
9: print(f'Precision : \
10:   {precision_score(y_true=test_true_labels, y_pred=pred_labels)}')
11: print(f'Recall : \
12:   {recall_score(y_true=test_true_labels, y_pred=pred_labels)}')
13: print(f'False positive rate : \
14:   {false_positive_rate(y_true=test_true_labels, y_pred=pred_labels)}')
15:
16: # 混同行列を作成
17: cm = confusion_matrix(test_true_labels, pred_labels)
18: # 混同行列をヒートマップに変換
19: sns.heatmap(cm, annot=True, cmap='Blues')
20: # 混同行列のx軸y軸にラベルをつける
21: plt.xlabel("Predicted", fontsize=13, rotation=0)
```

```
22: plt.ylabel("Actual", fontsize=13)
23: # 混同行列のヒートマップを表示
24: plt.show()
25:
26: # Step 2で作ったモデルの分類境界を図示
27: plt.figure(figsize=(12, 8))
28: _x0 = np.linspace(-2.5, 2.5, 500)
29: _x1 = np.linspace(-2.5, 2.5, 500)
30: x0, x1 = np.meshgrid(_x0, _x1)
31: X = np.hstack((x0.ravel().reshape(-1, 1),
32:                x1.ravel().reshape(-1, 1)))
33: y_decision = clf.predict(X).reshape(x0.shape)
34: # 分類境界の図上にテスト用データをプロット
35: pt_plot(scaled_test_features, test_true_labels)
36: plt.contourf(x0, x1, y_decision,
37:              levels=[y_decision.min(), 0.1,
38:                      y_decision.max()], alpha=0.3)
39: plt.show()
```

4.3.3 Python でアヤメ分類

本章の締めくくりとして，アヤメのカーネル化 SVM による分類モデルを Python で実装しましょう（**コード 4.4**）．アヤメのデータセットは，seaborn から DataFrame として読み込んでいます．

コード 4.4 ■ カーネル化 SVM によるアヤメ分類モデル

```
1: # ライブラリの読み込み
2: from sklearn import svm
3: from sklearn.model_selection import train_test_split
4: from sklearn.metrics import confusion_matrix
5: from sklearn.metrics import classification_report
6: import seaborn as sns
7: import pandas as pd
8: import matplotlib.pyplot as plt
9: import numpy as np
```

```
10: from sklearn.svm import SVC
11: from sklearn.preprocessing import StandardScaler
12:
13: # スケーリングを標準化スケーラーに設定
14: sc = StandardScaler()
15:
16: # seaborn のスタイルをセット
17: sns.set(style="ticks")
18:
19: # データを読み込む
20: df = sns.load_dataset('iris')
21: df = df.query('species != "setosa"')
22:
23: # 欠損値を除去
24: df = df.copy().dropna()
25:
26: # pair plot でデータを可視化
27: sns.pairplot(df, hue='species', markers=["s", "^"] )
28: plt.show()
29:
30: # versicolor を 1，virginica を 0 として species_num 列新設し格納
31: df.loc[df["species"] == 'versicolor',["species_num"]] = 1
32: df.loc[df["species"] == 'virginica',["species_num"]] = 0
33:
34: # 分類に使う特徴量を選ぶ
35: x1label = "sepal_length"
36: x2label = "petal_length"
37: y1label = "species"
38: y2label = "species_num"
39:
40: X = df[[x1label, x2label]].values
41: y = df[[y1label, y2label]].values
42:
43: # 学習用データとテスト用データに分割
44: X_train, X_test, y_train, y_test = train_test_split(X, y, \
45:               test_size=0.3, random_state=42, stratify=y)
46:
```

```
47: # 標準化
48: X_train = sc.fit_transform(X_train)
49: X_test = sc.transform(X_test)
50:
51: # 整数型に変換
52: y_train_num = y_train[:,1].astype('int8')
53: y_train = y_train[:,0]
54: y_test_num = y_test[:,1].astype('int8')
55:
56: # 描画キャンパスを作成
57: plt.figure(figsize=(8, 8))
58:
59: # カウンタを初期化
60: cnt = 0
61: cnt1 = 0
62: cnt2 = 0
63: datalen = len(y_train)
64: for cnt in range(datalen):
65:   if y_train[cnt] == 'versicolor':
66:     if cnt1 == 0:
67:       plt.scatter(X_train[:,0][cnt],X_train[:,1][cnt],marker='s',\
68:                   s=50, c="grey", label='versicolor')
69:       cnt1 = 1
70:     else:
71:       plt.scatter(X_train[:,0][cnt],X_train[:,1][cnt],marker='s',\
72:                   s=50, c="grey")
73:   elif y_train[cnt] == 'virginica':
74:     if cnt2 == 0:
75:       plt.scatter(X_train[:,0][cnt],X_train[:,1][cnt],marker='^',\
76:                   s=50, c="k", label='virginica')
77:       cnt2 = 1
78:     else:
79:       plt.scatter(X_train[:,0][cnt],X_train[:,1][cnt],marker='^',\
80:                   s=50, c="k")
81:
82: # 罫線を表示
83: plt.grid()
```

```
 84: # 点群が表すアヤメの種類を凡例表示
 85: plt.legend()
 86: # x 軸のデータの最小値・最大値を取得
 87: xlim = plt.xlim()
 88: # y 軸のデータの最小値・最大値を取得
 89: ylim = plt.ylim()
 90: # 座標の最小値・最大値間を 30等分する
 91: xx = np.linspace(xlim[0], xlim[1], 30)
 92: yy = np.linspace(ylim[0], ylim[1], 30)
 93: XX, YY = np.meshgrid(xx, yy)
 94: xy = np.vstack([XX.ravel(), YY.ravel()]).T
 95:
 96: # 機械学習モデルを設定(コメントアウトを外して選択)
 97: clf = SVC(kernel='poly', degree=3, C=10)
 98: # clf = SVC(kernel='rbf', gamma=2, C=1000)
 99: # clf = SVC(kernel='linear', C=10)
100:
101: # 学習
102: clf.fit(X_train,y_train_num)
103:
104: # 分類の決定関数
105: Z = clf.decision_function(xy).reshape(XX.shape)
106: plt.contour(XX, YY, Z, colors='k', levels=[-1, 0, 1],
107:             alpha=0.5, linestyles=['--', '-', '--'])
108:
109: # サポートベクトルを○で囲む
110: plt.scatter(clf.support_vectors_[:, 0],
111:             clf.support_vectors_[:, 1],
112:             s=140, linewidth=1,
113:             facecolors='none', edgecolors='k')
114: cnt = 0
115: datalen = len(y_test)
116: for cnt in range(datalen):
117:     if y_test[cnt][0] == 'versicolor':
118:         plt.scatter(X_test[:,0][cnt],X_test[:,1][cnt], \
119:                 marker='+', s=50, color ="grey")
120:     elif y_test[cnt][0] == 'virginica':
```

```
121:         plt.scatter(X_test[:,0][cnt],X_test[:,1][cnt], \
122:                     marker='+', s=50, color ="k")
123:
124: # テスト用データで分類できるかどうか確認する
125: y_test_pred = clf.predict(X_test)
126: # 予測値
127: print(y_test_pred)
128: # 正解
129: print(y_test_num)
130:
131: plt.xlabel(x1label, fontsize=15)
132: plt.ylabel(x2label, fontsize=15)
133: plt.figsize=(8,8)
134: plt.show()
135:
136: # 混同行列を作成
137: cm = confusion_matrix(y_test_num, y_test_pred)
138: cm_data = confusion_matrix(y_test_num, y_test_pred)
139: cm = pd.DataFrame(data=cm_data, \
140:                   index=["virginica", "versicolor"], \
141:                   columns=["virginica", 'versicolor'])
142: # 混同行列をヒートマップに変換
143: sns.heatmap(cm, annot=True, cmap='Blues')
144: # 軸にラベル設定
145: plt.yticks(rotation=0)
146: plt.xlabel("Predicted", fontsize=13, rotation=0)
147: plt.ylabel("Actual", fontsize=13)
148: plt.show()
149:
150: # テスト用データの分類結果一覧
151: print(classification_report(y_test_num, y_test_pred))
```

コード 4.4 の出力は，次のようになります．

まず，pairplot でデータを可視化します（**図 4.12**）．

```
df = df.query('species != "setosa"')
```

で setosa のデータは除外していますので，pairplot で表示されているのは versicolor と virginica の 2 種類のアヤメです．特徴量の組合せで分類境界が大きく変わるのがわかります．

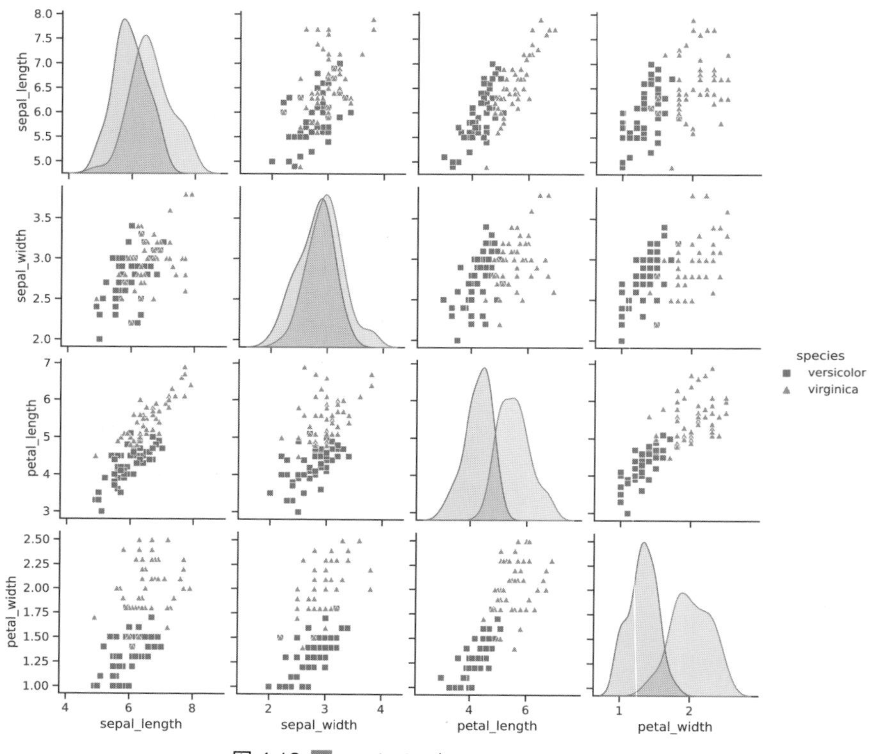

図 4.12　versicolor と virginica の pairplot

分類モデルは多項式カーネル関数を使用し，次数は 3，ハイパーパラメータは $C = 10$ と設定してあります．マージン上やマージンの内側にあるデータは○で囲んでいます（**図 4.13**(a)）．

混同行列は図 4.13(b) のように出力されます．ヒートマップでデータの個数が濃淡で表されています．

さらに，次のようにテキストで分類性能の指標値が表示されます．

```
              precision    recall  f1-score   support

           0       0.88      0.93      0.90        15
           1       0.93      0.87      0.90        15

    accuracy                           0.90        30
   macro avg       0.90      0.90      0.90        30
weighted avg       0.90      0.90      0.90        30
```

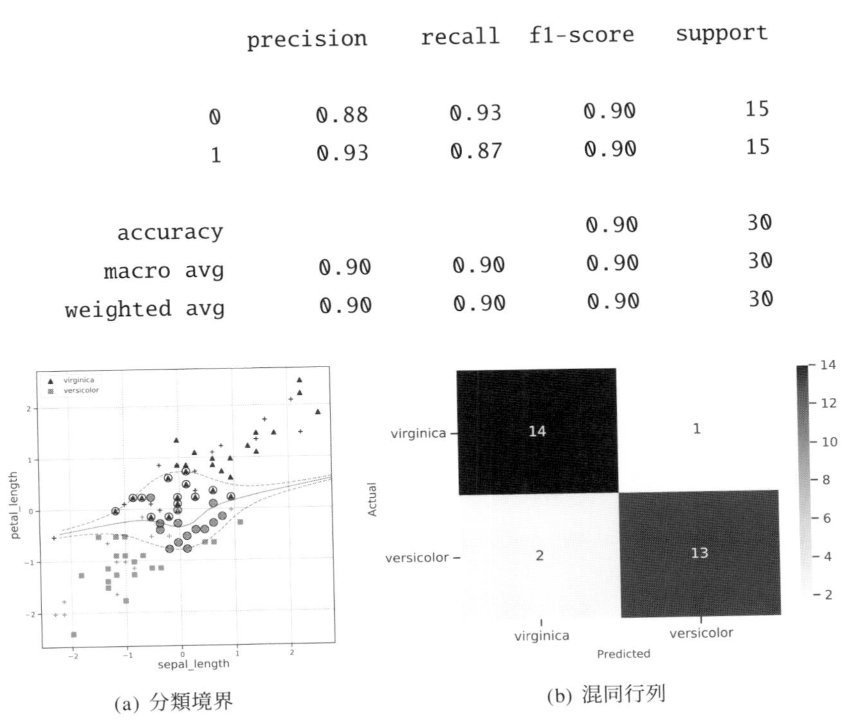

(a) 分類境界　　(b) 混同行列

図 4.13 分類境界線の描画

Appendix

Pythonの基礎

A.1 開発環境 Colab

本書では，Python の開発環境として Google の提供する Colaboratory（Colab）を使用することを推奨します．ウェブブラウザを開き，「Colab」と入力して検索すると，Colab のトップ画面を見つけることができます．

```
https://colab.research.google.com/?hl=ja
```

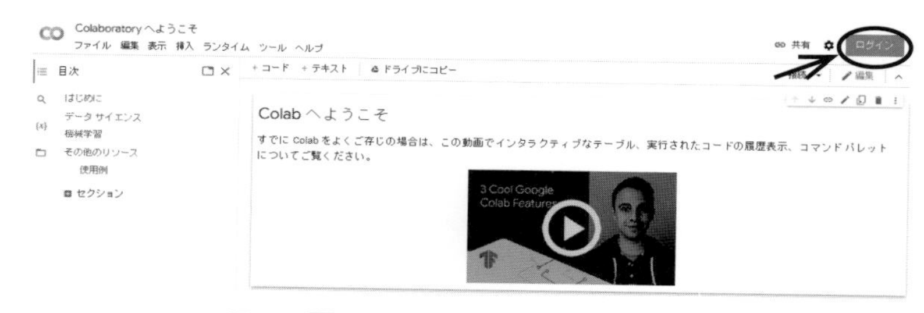

図 A.1 Google Colaboratory のトップ画面

Python のプログラミング環境にはいくつかありますが，Colab はブラウザベースの開発環境であり，Windows でも macOS でも Linux でも，OS の違いや PC の環境の違いを気にすることなく同じ操作で開発ができます．また，PC が高スペックでなくとも，ブラウザの閲覧がスムーズにできれば十分です．高価なグラフィックボード（GPU）を用意する必要もありません．

Colab の主な特徴を挙げると，

- PC のプログラミング環境の構築が不要である
- 高性能の GPU へ無料でアクセスできる
- 簡単にコードを共有できる

といったことが挙げられます．

図 A.1 の画面を開いたら，画面右上の「ログイン」から Google アカウントでログインします．その後，**図 A.2** のように，「ファイル」→「ノートブックを新規作成」を順にクリックすると，**図 A.3** の開発画面が現れます．

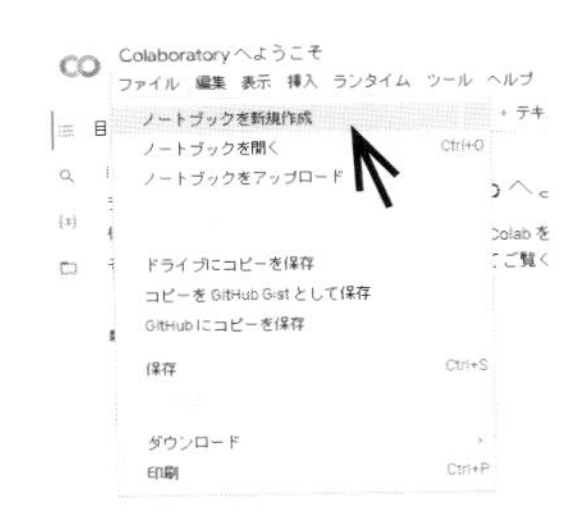

図 A.2 ■ ノートブックの新規作成

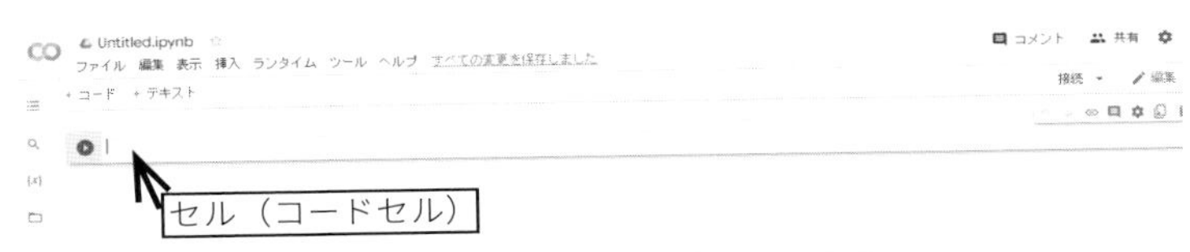

図 A.3 ■ 新規ノートブックの画面

図 A.3 を見ると，左上に「Untitled.ipynb」などという文字列があります．これはノートブックのファイル名となりますので，わかりやすい適当な名前に変更するとよいでしょう．

コードは，「セル」（コードセル）という場所に入力していきます．

コードを書いたら，**図 A.4** の矢印で示す，●に三角形をあしらったボタンをクリックすると，そのコードが実行されます．

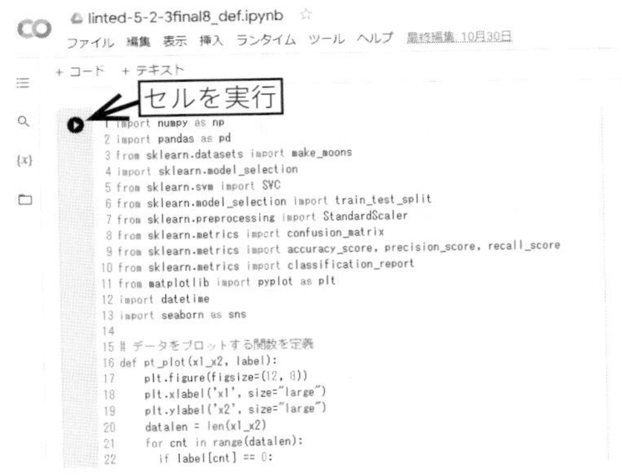

図 A.4 ■ コードの実行ボタン

コードにエラーがなければ，**図 A.5** のように，コードセルのすぐ下に実行結果が現れます．

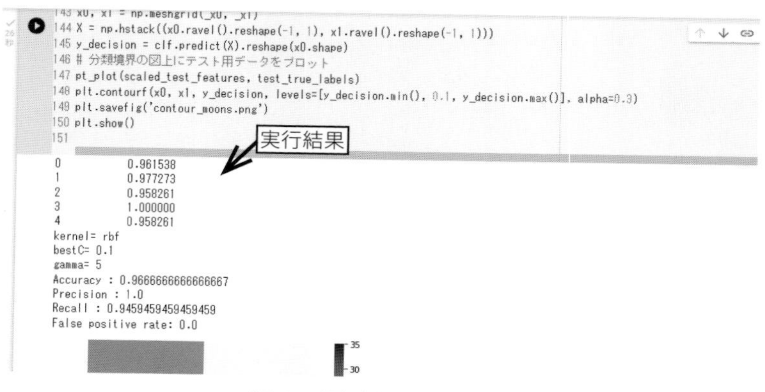

図 A.5 ■ 実行結果の出力

一方，コードにエラーがあれば，実行ボタンが赤くなるとともに，エラーメッセージが表示されます．

Colab では，コードセルを追加していくことができます．**図 A.6** に示している「+ コード」をクリックすると，カーソル位置のすぐ下に新規のコードセルが追加されます．

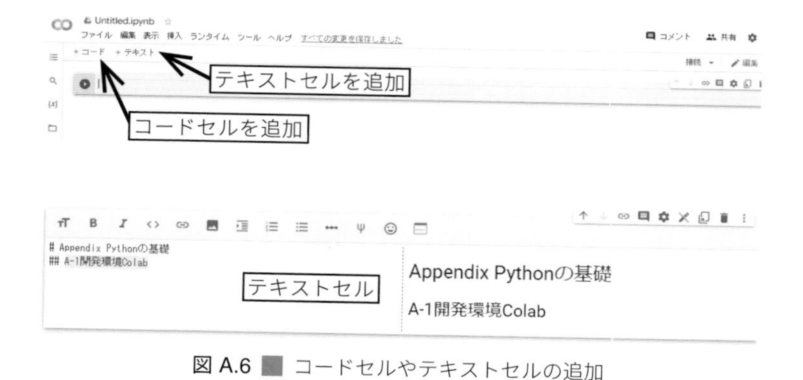

図 A.6 ■ コードセルやテキストセルの追加

また，図 A.6 に示す「+ テキスト」をクリックすると，テキストセルが追加されます．テキストセルには，コードのタイトルや説明などを入れるとよいでしょう．

Colab の使い方については，「ヘルプ」も参照してください．

A.2 Python 文法の要点

いま最も人気のあるプログラミング言語は Python でしょう．Python は初心者に易しいプログラミング言語といえます．易しい理由としては，次の点が挙げられます．

- C や Java など（コンパイル型言語）と異なり，処理内容を順に書いていけばよい（インタプリタ式であり，プログラムを実行するのにコンパイルなどの実行可能型式への変換作業が不要である）
- 開発環境が比較的作りやすい

易しい言語である一方で，本格的なオブジェクト指向プログラミングや並列処理も可能な高機能な言語でもあります．

また，数値計算やグラフ描画などのさまざまな機能がライブラリという形態で提供され，利用できるライブラリが充実していることも人気の理由です．特に scikit-learn や PyTorch や TensorFlow といった機械学習のライブラリが豊富なことが Python の最大の魅力ともいえるほどに，AI ブームの時勢に乗っている感があります．本書で用いる代表的なライブラリについては，次節で紹介します．

以下に，Python の文法の要点をまとめていますので，本文で紹介したコードや，Web ページからダウンロードしたコードを確認したり，自力でコードを書いたりする際の参考にしてください．

A.2.1 データ型

Python では次のようなデータ型を扱うことができます．以下では各データ型についてまとめていますが，必要に応じて次項の演算子を適宜参照してください．

データ型		例
bool	ブール	`True, False`
int	整数	`7, 18,10000`
float	浮動小数点数	`1.23, -12345,1e-003`
list	リスト	`[3, 'bright', True]`
str	文字列	`"I",' am a student.'`
dict	辞書	※後述

■ bool（ブール）型

論理式の値は bool 型で表されます．例えば $3 = 1 + 2$ は真なので，(3==1+2) の真偽値は True です．また $3 < 2$ は偽なので (3 < 2) の真偽値は False です．

コード（順に実行）	説明	出力
`a1=(3==1+2)`	(3==1+2) の真偽値を a1 に入れる	
`print(a1)`	a1 の真偽値を表示	`True`
`print(type(a1))`	a1 のデータ型を表示	`<class 'bool'>`
`a2=(3<2)`	(3<2) の真偽値を a2 に入れる	
`print(a2)`	a2 の真偽値を表示	`False`
`print(type(a2))`	a2 のデータ型を表示	`<class 'bool'>`

■ int（整数）型，float（浮動小数点数）型

整数，浮動小数点数はそれぞれ int 型，float 型で表されます．例えば 5 120 を 5.12×10^3 のように小数 $\times 10^n$ の形で表した数を浮動小数点数といいます．

int 型，float 型は双方向に変換可能です．関数 int() を使うと float 型の数を四捨五入して整数にします．関数 float() はその逆で int 型の数を float 型にします．

コード（順に実行）	説明	出力
`a1=2.1`	a1 を初期化	
`a2=int(a1)`	a1 を整数化し a2 に代入	

a3=float(a2)	a2 を浮動小数点数化し a3 に代入	
print(type(a1))	a1 のデータ型を表示	<class 'float'>
print(a2)	a2 を表示	2
print(type(a2))	a2 のデータ型を表示	<class 'int'>
print(a3)	a3 を表示	2.0
print(type(a3))	a3 のデータ型を表示	<class 'float'>

■ list（リスト）型

list は複数の値をまとめてデータセットとして扱うときにとても便利です．データセットの値をまとめて操作することや，値を追加したり，削除したりすることも簡単にできます．使用例は以下のとおりです．この例では a=[] で空の list を作って，そこに a1 という別の list を追加します．さらにそこに a2 という別の list を追加します．つまり，a という list の要素として a1，a2 という 2 つの list が追加されます．そして a[0]，a[1] でそれぞれの要素を抽出することができます．

コード（順に実行）	説明	出力
a=[]	list a を初期化	
a1=[1,2,'piano',False]	list a1 を初期化	
print(a1)	a1 を表示	
print(type(a1))	a1 のデータ型を表示	<class 'list'>
a.append(a1)	list a に a1 を追加	
print(a)	a を表示	[[1,2,'piano',False]]
a2=[1,3,'flute',True]	list a2 を初期化	
a.append(a2)	list a に a2 を追加	
print(a)	a を表示	[[1,2,'piano',False], [1,3,'flute',True]]
print(a[0])	list a の 1 番目の要素を表示	[1,2,'piano',False]
print(a[1])	list a の 2 番目の要素を表示	[1,3,'flute',True]

■ str（文字列）型

Python では文字列も扱うことができます．

文字列は次のようにさまざまな演算を施すことができます．例えば'I am'と' a student.'を+を使って加えると'I am a student.'となります．また int 型の 34 を str 型の'34'に変えるには関数 str() を使います．なお，文字列を囲む引用符は'文字列'でも"文字列"のどちらでも良いですが，文字列の前後は同じ引用符を使ってください．

コード（順に実行）	説明	出力
a1='I am'+' a student.'	a1 を初期化	
print(a1)	a1 を表示	I am a student.
print(type(a1))	a1 のデータ型を表示	<class 'str'>
a2=34	a2 を初期化	
a3=str(a2)	a2 を int 型から str 型に変換	
print(a3)	a3 を表示	34
print(type(a2))	a2 のデータ型を表示	<class 'int'>
print(type(a3))	a3 のデータ型を表示	<class 'str'>

■ dict（辞書）型

dict 型データは，key と value のペアを{ }（中カッコ）で囲んで定義します．定義した dict 型データは，変数名 [key] で取り出すことができます．**コード A.1** で dict 型データの扱いかたを見ていきましょう．

コード A.1 ■ dict 型

```
1: # dict 型データの初期化
2: fruits_dict = {'apple': 110, 'orange': 80, 'banana': 30,
3:                'peach': 200}
4: # dict 型データの読み出し
5: print(fruits_dict['orange']) # 80
6: # dict 型データの value の更新
7: fruits_dict['orange'] = 75
8: print(fruits_dict['orange']) # 75
```

```
 9: # dict 型データの key,value ペアを削除
10: del fruits_dict['apple']
11: print(fruits_dict) # {'orange': 75, 'banana': 30, 'peach': 200}
12: # dict 型データの key,value ペアを追加
13: fruits_dict['melon'] = 600
14: print(fruits_dict)
15: # {'orange': 75, 'banana': 30, 'peach': 200, 'melon': 600}
```

A.2.2 演算子

Python の主な演算子を表にしました.

演算子		例	説明
+	算術	a + b	変数 a の値と変数 b の値を足し算
-	算術	a - b	変数 a の値から変数 b の値を引き算
*	算術	a * b	変数 a の値と変数 b の値を掛け算
/	算術	a / b	変数 a の値を変数 b の値で割り算
**	算術	a ** b	a の b 乗
=	代入	a = 30	変数 a に 30 を代入
+=	累積代入	a += 5	変数 a の値を 5 増やして a に再代入
-=	累積代入	a -= 3	変数 a の値を 3 減らして a に再代入
*=	累積代入	a *= 4	変数 a の値に 4 をかけて a に再代入
/=	累積代入	a /= 2	変数 a の値を 2 で割って a に再代入
==	比較	3 == 1+1	左辺と右辺が等しいかどうか．等しければこの式の値は True，例のように等しくなければ False.
!=	比較	3 != 4+1	左辺と右辺が等しくないかどうか．等しければこの式の値は False，例のように等しくなければ True.
>	比較	3 > 1+1	左辺が右辺より大きいかどうか．例のように左辺が右辺より大きければこの式の値は True，左辺が右辺より等しいか小さければ False.

<	比較	3 < 2+1	左辺が右辺より小さいかどうか．左辺が右辺より小さければこの式の値は True，例のように等しいか，右辺より大きければ False．
or	bool	3>2 or 4<2	or の前後の少なくともどちらかが True ならばこの式の値は True，前後とも False ならばこの式の値は False．例は True or False なのでこの式の値は True．
and	bool	3>2 and 4<2	and の前後の両方が True ならばこの式の値は True，前後の少なくともどちらかが False ならばこの式の値は False．例は True and False なのでこの式の値は False．
+	文字列	‘I love ’+‘you.’	文字列を連結． 例の式の値は’I love you.’．
*	文字列	‘CQ’ * 3	文字列を繰り返す． 例の式の値は’CQCQCQ’．

A.2.3 条件分岐

条件分岐は「もし A ならば B を実行せよ」という処理です．

Python の条件分岐は if 文を使って実現します．if 文の書式は次のようになります．

```
if 条件式:
  実行文
```

条件式の後にコロン（:）を忘れないようにしましょう．実行文は条件式が True のときに実行する処理を書きますが，実行文の前にインデント（字下げ）を入れてください．インデントがあれば実行文は複数並べて書け，その全てが実行されます．なお，半角スペース 4 つでインデントすることが推奨されていますが，本書ではスペースの関係上，半角スペース 2 つでインデントしている箇所があります．

では条件分岐の具体的なコードを見てみましょう．

コード（順に書く）	説明	出力
a=85	a に数値を代入	
if a>60:	もし a が 60 より大きければ	
print(' おめでとうございます')	「おめでとうございます」と表示	おめでとうございます
print(' 合格です')	「合格です」と表示	合格です

条件式が偽の場合，上のコードでは何も実行されません．条件式が偽の場合にも何らかの処理を実行したい場合には，

```
if 条件式:
  実行文 1
else:
  実行文 2
```

とします．else の文頭は if とそろえます．else の後のコロン（:）を忘れないようにしましょう．実行文 2 の前にも実行文 1 同様にインデント（字下げ）を入れます．具体的なコードを見ていきましょう．

コード（順に書く）	説明	出力
a=55	a に数値を代入	
if a>60:	もし a が 60 より大きければ	
print('おめでとうございます')	条件式が False なので実行されない	
else:	もし条件式が False ならば	
print('残念，次回は頑張ろう')	「残念，次回は頑張ろう」と表示	残念，次回は頑張ろう

インデントがあれば else:の後の実行文も複数並べて書け，条件式が False ならばその全てが実行されます．

条件式が複数あり，そのどれかが True の場合に異なる処理を実行したいならば，次のように elif を使って

```
if 条件式1:
  実行文1(条件式1がTrueの場合実行)
elif 条件式2:
  実行文2(条件式1がFalse，条件式2がTrueの場合実行)
elif 条件式3:
  実行文3(条件式1と2がFalse，条件式3がTrueの場合実行)
else:
  実行文4(条件式1，2，3がFalseの場合実行)
```

これも具体的なコードを見ていきましょう．

コード（順に書く）	説明	出力
a=65	aに数値を代入	
if a>80:	もしaが80より大きければ	
print('Aランク')	条件式がFalseなので実行されない	
elif a>60:	もしaが60より大きければ	
print('Bランク')	a>60なので「Bランク」と表示	Bランク
elif a>40:	上の条件式でTrueのものがあったのでこの条件式は評価されない	
print('Cランク')	実行されない	
else:	上の条件式でTrueのものがあったのでこの条件式は評価されない	
print('Dランク')	実行されない	

上から順に条件式でふるいにかけていくと考えるとわかりやすいでしょう．上の例では条件式a>60のふるいに引っかかったということになります．Trueとなったa>60の条件式以降の条件式は評価されないことに注意してください．

また条件式は，andやorで複数の条件式を組み合わせることが可能です．

```
if 条件式1 and 条件式2:
  実行文1(条件式1と2がともにTrueの場合実行)
else:
```

```
      実行文 2(条件式 1 and 条件式 2 が False の場合実行)
```

というようになります．条件式は

```
    if 条件式 1 and (条件式 2 or 条件式 3):
```

のように複雑にすることも可能です．

さらに，if 文を入れ子にすることも可能です．例えば

```
    if 条件式 1:
      if 条件式 2:
        実行文 1(条件式 1 と 2 がともに True の場合実行)
      else:
        実行文 2(条件式 1 が True で条件式 2 が False の場合実行)
    else:
      実行文 3(条件式 1 が False の場合実行)
```

のような処理です．

具体的なコードを見ていきましょう．

コード（順に書く）	説明	出力
pref='埼玉'	pref に 埼玉 を代入	
city='川口'	city に 川口 を代入	
if pref=='埼玉':	もし pref が「埼玉」ならば	
if city=='さいたま':	もし city が「さいたま」ならば	
print('無料です')	city の条件式が False なので実行されない	
else:	もし city が「さいたま」でなければ	
print('200 円です')	「200 円です」と表示	200 円です
else:	pref が「埼玉」で True だったのでこの条件式は評価されない	
print('400 円です')	実行されない	

なお，Python には，switch 文や case 文はありません．if 文を組み合わせて同じ機能を実現していくことになります．

A.2.4 繰り返し

Python では for 文を使って，同じ処理を複数回繰り返すことができます．

for 文の書式は次のようになります．

```
for 変数 in 値の集合:
  実行文（値の集合から変数に順番に値を代入して実行）
```

実行文はインデントをそろえれば複数でも可能です．値の集合は list で表す方法があります．

コード（順に書く）	説明	出力
`for i in [1,2,3]:`	i に 1,2,3 を順に代入してそれぞれの値ごとに下のインデントされた処理を実行	
`  print(i)`	i の値を表示	1 2 3

値の集合が等間隔に並んでいれば range 関数を使って整数の集合を生成する方法もよく使われます．

コード	説明	出力
`s=0`	変数 s を初期化	
`for i in range(11):`	i の値を 0 から 10 まで変えながら値ごとに下のインデントされた処理を実行	
`s+=i`	変数 s の値に i の値を足し算して変数 s に再代入	
`print(s)`	変数 s の値を表示	55

関数 range は `range(n)` だと `0,1,2,… n-1` の整数の集合を生成しますが，`range(s,n)` とすると `s, s+1, … , n-1` の整数の集合を生成します．また，`range(s,n,d)` とすると s から間隔 d で `n-1` までの整数の集合を生成します．

さらに for 文は入れ子にすることができます．関数 range と for 文の入れ子を使って九九表を作ってみましょう．

コード（順に書く）	説明	出力
for i in range(1,4)：	i の値を 1 から 4 まで変えながら値ごとに下のインデントされた処理を実行	
for j in range(1,3)：	j の値を 1 から 3 まで変えながら値ごとに下のインデントされた処理を実行	
print(i*j,end=",")	i と j の積をカンマ区切りで表示．区切り記号を end で明記すると改行されない	1, 2, 2, 4, 3, 6,
print('')	区切り記号を end で明記しないと print 関数を実行するたびに改行される	(改行)

for 文ではインデントの位置で繰り返す範囲が決まりますので，間違えないように気を付けてください．

A.2.5 組込み関数

Python では 60 個を超える組込み関数がありますが，本書ではその中でよく使用するものをピックアップして紹介します．表中の x は引数です．

なお．表中の「返す」とは，関数の出力として返してくるという意味です．関数としては，ほかにも各ライブラリがもっている関数があり，実際のプログラミングではそちらのライブラリ関数のほうが多用されます．これについては次節で紹介します．

組込み関数		例	説明
abs(x)	絶対値	abs(-5)	x の絶対値を返す．例は 5.
float(x)	浮動小数点数化	float(7)	x を浮動小数点数化して返す．例は 7.0.

int(x)	整数化	int(-4.8)	x の小数点以下を切り捨て整数化して返す．例は-4.
len(x)	オブジェクトの長さ	len('hard') len([3, 4, 5])	x の長さを返す．len('hard') は単語長の 4，len([3, 4, 5]) はリストの要素数 3.
list(x)	リスト化	list((0, 1, 2, 3)) list(range(4))	x をリスト化する． 例はともに [0, 1, 2, 3] を返す．
max(x)	最大値	max(5, 2, 8) max([5, 2, 8])	x の最大値を返す．例はともに 8.
min(x)	最小値	min(5, 2, 8) min([5, 2, 8])	x の最小値を返す．例はともに 2.
open(x)	ファイルを開く	open(test.csv)	ファイル x を開き，ファイルオブジェクトを返す． 例はファイル 'test.csv'を返す．
print(x)	表示	print('test')	オブジェクト x を表示する． 例は文字列 test を表示．
str(x)	文字列化	str(3)	x を文字列にする． 例は整数 3 を文字列'3' に変える．
sum(x)	総和	sum(range(11))	x の集合に含まれる数値の総和を返す．例は 55.

A.2.6 関数定義

Python では def 文を使って自分で関数を定義することができます．
def 文の書式は次のようになります．

```
def 関数名 (引数 1, 引数 2, … ):
  処理
  return 戻り値
```

定義した関数を呼び出すときは,

```
x=関数名 (引数 1, 引数 2, … )
```

のように関数に引数を渡して処理を実行し，戻り値を変数（ここでは x）に代入します．

なお，return 文をもたない関数も定義できて，この場合は，

関数名 (引数 1，引数 2，…)

で関数を呼び出し，関数に引数を渡して処理を実行します．

では，2.1.5 項で導出した点と直線の距離を求める関数を定義して，その関数を呼び出すコードを書いてみましょう．

コード（順に書く）	説明	出力
def dist(xQ,yQ,a,b,c):	関数 dist を定義	
distance=abs(a*xQ+b*yQ+c)/(a**2+b**2)**0.5	変数 distance に点と直線の距離の式を代入	
return distance	distance の値を戻り値とする	
d=dist(1,1,1,1,-4)	関数 dist を呼び出し引数を渡して，戻り値を変数 d に代入	
print(d)	変数 d の値を表示	1.414213562373095

上の関数 dist を return 文をもたない関数として次のように書き換えることもできます．

コード（順に書く）	説明	出力
def dist(xQ,yQ,a,b,c):	関数 dist を定義	
distance=abs(a*xQ+b*yQ+c)/(a**2+b**2)**0.5	変数 distance に点と直線の距離の式を代入	
print(distance)	distance の値を戻り値とする	
dist(1,1,1,1,-4)	関数 dist を呼び出し引数を渡して，変数 distance の値を表示	1.414213562373095

この場合，d=dist(1,1,1,1,-4) としても d には値が代入されません．エラーにはならず，関数 dist に引数が渡され，print(distance) も実行され 1.41421… と表示されます．ところが，この後で print(d) とすると

None，すなわち変数 d には何も入っていないと表示されてしまいます．

A.2.7 クラス

オブジェクト指向プログラミングにおいて，class（クラス）はとても大切です．例えば下記のコードは，Token というオブジェクトを class によって定義しています．その定義には関数定義の書式でメソッドを定義しています．class はあくまで定義を書いた型紙ですので，プログラム中で使うには，インスタンスというオブジェクトの実体を生成する必要があります．

```
token1=Token('TKC')
```

というコードで token1 というインスタンスを生成しますが，その際，

```
def __init__(self, name):～
```

というコンストラクタ関数が実行されます．そして，'TKC' という name が付いた Token のインスタンス token1 が生成され，同時に balance という辞書型の口座残高データが初期化されます．

一方，'THC' という name が付いた Token のインスタンス token2 が生成され，同時に balance という辞書型の口座残高データが初期化されます．

token1.balance と token2.balance はそれぞれ独立しており，下記のコードの出力のように 2 つのトークンの残高を並行して変更していくことができます．class を使うメリットの一つはこのあたりにあります．

コード（順に書く）	説明	出力
class Token:	クラス名	
def __init__(self, name):	コンストラクタ	
self.name=name	インスタンス名設定	
self.balance={1001:0, 1002:0,1003:0}	口座残高初期化	
def mint(self,id,amount):	発行メソッド定義	
self.balance[id]+= amount	id で指定された口座残高を amount 分増やす	

def transfer(self, from_id,to_id,amount):	送金メソッド定義	
self.balance[from_id]-= amount	送金元 id で指定された口座残高を amount 分減らす	
self.balance[to_id]+= amount	送金先 id で指定された口座残高を amount 分増やす	
token1=Token('TKC')	インスタンス生成	
token1.mint(1002,10000)	id1002 の口座に 10000TKC 発行	
print(token1.name, end='')	インスタンス変数 name 表示	TKC
print(token1.balance)	TKC の口座残高表示	{1001: 0, 1002: 10000, 1003: 0}
token1.transfer(1002, 1003,4000)	id 1002 から 1003 に 4000TKC 送金	
print(token1.name, end='')	インスタンス変数 name 表示	TKC
print(token1.balance)	TKC の口座残高表示	{1001: 0, 1002: 6000, 1003: 4000}
token2=Token('THC')	インスタンス生成	
token2.mint(1001,10000)	id 1001 の口座に 10000THC 発行	
print(token2.name, end='')	インスタンス変数 name 表示	THC
print(token2.balance)	THC の口座残高表示	{1001: 10000, 1002: 0, 1003: 0}
token2.transfer(1001, 1003,3000)	id1001 から 1003 に 3000THC 送金	
print(token2.name, end='')	インスタンス変数 name 表示	THC
print(token2.balance)	THC の口座残高表示	{1001: 7000, 1002: 0, 1003: 3000}

print(token1.name, end='')	インスタンス変数 name 表示	TKC
print(token1.balance)	TKC の口座残高表示	{1001: 0, 1002: 6000, 1003: 4000}

A.2.8 変数のスコープ

関数やクラスを使う場合，変数をどのように定義するかによって有効範囲が設定されます．

■ ローカル変数とグローバル変数

関数の外側で定義された変数はプログラム中のどこでも使えるグローバル変数となります．一方，関数の中で定義される変数はローカル変数といい，その関数の中でしか有効ではありません．ただし

```
global y
```

のように関数内で宣言しておけば，この関数が 1 度でも実行された後は，この変数 y はグローバル変数として扱われるようになります．

例として，次のようなコードを見てみましょう．関数が実行され，関数の中でグローバル変数 y に 500 を代入した後は，グローバル変数 y の値は 100 から 500 に更新されていることがわかります．

コード（順に書く）	説明	出力
x=10	グローバル変数 x に 10 を代入	
y=100	グローバル変数 y に 100 を代入	
def func_1():	関数 func_1 を定義	
x=50	ローカル変数 x に 50 を代入	
global y	グローバル変数 y を定義	
y=500	グローバル変数 y に 500 を代入	
print(x,y)	x, y を表示	10 100
func_1()	関数 func_1 を実行	
print(x,y)	x, y を表示	10 500

■ クラス変数とインスタンス変数

7 項で説明した通り，クラスはオブジェクトの型紙であり，その型紙を使ってコンストラクタによってオブジェクトの実体すなわちインスタンスを生成します．

クラス変数は，クラスに所有された変数で，全てのインスタンスに共有されます．

一方，インスタンス変数は各インスタンスが所有する変数で，同じ変数名でもインスタンスが異なれば別々の値をとることが可能です．

クラス変数とインスタンス変数は同じ変数名でも完全に独立に値を変化させることが可能です．

では具体的なコードを見ていきましょう．

コード（順に書く）	説明	出力
`class Test:`	クラス定義	
`  x=2`	クラス変数 x に 2 代入	
`  def __init__(self):`	コンストラクタ	
`    self.x=0`	インスタンス変数 x を初期化	
`  def add3(self):`	関数 add3 定義	
`    self.x+=3`	インスタンス変数 x に 3 を加える	
`  def add5(self):`	関数 add5 定義	
`    self.x+=5`	インスタンス変数 x に 5 を加える	
`test1=Test()`	インスタンス test1 生成	
`test2=Test()`	インスタンス test2 生成	
`print(test1.x,test2.x,Test.x)`	インスタンス test1・2 のインスタンス変数 x とクラス変数 x の値を表示	0 0 2
`Test.x+=7`	クラス変数 x に 7 を加える	
`print(test1.x,test2.x,Test.x)`	インスタンス test1・2 のインスタンス変数 x とクラス変数 x の値を表示	0 0 9

test1.add3()	インスタンス test1 のインスタンス変数 x に 3 を加える	
print(test1.x,test2.x,Test.x)	インスタンス test1・2 のインスタンス変数 x とクラス変数 x の値を表示	3 0 9
test2.add5()	インスタンス test2 のインスタンス変数 x に 5 を加える	
print(test1.x,test2.x,Test.x)	インスタンス test1・2 のインスタンス変数 x とクラス変数 x の値を表示	3 5 9
Test.x+=7	クラス変数 x に 7 を加える	
print(test1.x,test2.x,Test.x)	インスタンス test1・2 のインスタンス変数 x とクラス変数 x の値を表示	3 5 16

インスタンス test1・2 のインスタンス変数 x とクラス変数 x の 3 つの値がそれぞれ独立に変化しているのがわかります.

A.3 Python ライブラリ群

Python は組み込み関数だけでもいろいろなことができますが，コード中で

import (ライブラリ名)　　【例】import numpy

と書くことで，以後そのライブラリ内で定義された関数が使えるようになります．ライブラリの関数の使いかたは，

(ライブラリ名).(関数名)((引数))　　【例】numpy.dot(A, B)

となります．また，便利な import の仕方として，

import (ライブラリ名) as (略号)　　【例】import numpy as np

と書くと，プログラム中でライブラリの関数を使うとき，いちいちライブラリ名を書くのではなく，

(略号).(関数名)((引数))　　【例】np.dot(A, B)

とシンプルに書けるので，プログラムの見た目がすっきりします．

以下では，本書の中で用いたライブラリを中心に紹介しましょう．

A.3.1 NumPy

NumPy は機械学習やデータサイエンスにおいて研究者や開発者が最も多用するライブラリの一つです．NumPy は Google Colaboratory に既定でインストールされているので，`import` などによるインストールの必要はありません．もし，何か別の開発環境でインストールが必要な場合は，コマンドラインで，

```
pip install numpy
```

と打てばあとは自動でインストールしてくれます．プログラム中で NumPy を使うときは，

```
import numpy as np
```

という文をどこかに書いておくと `np` という略号で numpy の機能を呼び出せます．呼び出すときの書式は

```
np.機能 (引数)
```

となります．ここで引数とは呼び出す関数に対して引き渡してやるデータのことで，それぞれの関数はどのような順番でどのような引数を渡せばその機能を果たしてくれるかが決まっています．

ではNumPy の主要な関数の機能と使いかたを見ていきましょう．

■ np.array

①1次元配列

ベクトルや行列は NumPy 配列を使って表現できます．この `np.array` はその NumPy 配列を生成する関数です．呼び出すときの書式は

```
np.array(リスト)
```

となります．例えば，

```
a = np.array([3, 4, 5])
```

とすると NumPy 配列となったベクトル `array([3, 4, 5])` が変数 `a` に取り込まれます．

コード A.2 ■ 1 次元配列

```
1: import numpy as np
2: # ベクトルa,b を定義
3: a = np.array([4, 5])
4: b = np.array([2, 3])
5: # ベクトルの和
6: print(a + b)
7: # 成分ごとの積を成分とするベクトルを出力
8: print(a * b)
9: # 内積
10: print(np.dot(a, b))
```

② 2 次元配列

2 次元の配列は，例えば，

```
C = np.array([[0, 1, 2], [3, 4, 5]])
```

のように表し，

```
print(C)
```

とすると，

```
[[0 1 2]
 [3 4 5]]
```

を表示します．2 次元以上の配列は行列として見たほうがわかりやすいので，行列の成分として見ていきます．

NumPy 配列のさまざまな参照法を紹介します．

まず，Python では数えるときは 0 から始まるので，例えば「2 番目の成分」というのは左から 3 つ目の成分ということですので気を付けましょう．

したがって

```
C = np.array([[0, 1, 2], [3, 4, 5]])
```

とすると，`C[i, j]` で行列 C の i+1 行 j+1 列の成分を表します．

また，「:」は「全て」を意味するので

```
print(C[:, 1])
```

を実行すると，行は全て，列は 1+1 列ということで，行列 C の第 2 列，すなわち `[1 4]` が表示されます．

コード A.3 ■ 2 次元配列

```
1: import numpy as np
2: # 2次元の配列を定義
3: C = np.array([[0, 1, 2], [3, 4, 5]])
4: print(C)
5: # 0番目，1番目の要素を表示
6: print(C[0]) # [0 1 2]
7: print(C[1]) # [3 4 5]
8: # 1番目の要素の 2番目の成分を表示
9: print(C[1, 2]) # 5
10: # 1列目の全行を表示 (：は全てを意味する)
11: print(C[:, 1]) # [1 4]
12: # 行列の形状を表示
13: print(C.shape) # (2, 3)
14: # 成分のデータ型を表示
15: print(C.dtype) # int64
```

③行列の計算

NumPy 配列で表した行列を使って行列演算をしましょう．

行列どうしの和や差は，次元がそろっていれば，そのまま+，-で計算できます．しかし，積は*では計算できません．行列 C と D の積は np.dot(C, D) と書きます．

np.dot(D, C) とは等しくないことを確認しましょう．

コード A.4 ■ 行列の積

```
1: import numpy as np
2: # 配列で 2x3 行列と 3x2 行列を表現
3: C = np.array([[0, 1, 2], [3, 4, 5]])
4: D = np.array([[0, 1], [2, 3],[4, 5]])
5: # 積の計算
6: E = np.dot(C, D)
7: F = np.dot(D, C)
8: print(E)
9: # [[10 13]
10: #  [28 40]]
```

```
11: print(F)
12: # [[ 3  4  5]
13: #  [ 9 14 19]
14: #  [15 24 33]]
```

■ np.arange

等差数列を生成します．np.arange(i, j, k) とすると初項 i，末項<j, 公差 k の等差数列の NumPy 配列を生成します．np.arange(j) や np.arange(i, j) のように引数を省略することもできます．

コード A.5 ■ 等差数列

```
 1: import numpy as np
 2: # 等差数列の生成
 3: G = np.arange(1, 10, 2)
 4: print(G) # [1 3 5 7 9]
 5: # 等差数列の生成 (初項,間隔を省略)
 6: H = np.arange(10)
 7: print(H) # [0 1 2 3 4 5 6 7 8 9]
 8: # 等差数列の生成(間隔を省略)
 9: I = np.arange(5, 10)
10: print(I) # [5 6 7 8 9]
```

■ np.random.seed

乱数のシード（種）を指定します．例えば np.random.seed(42) を実行してから np.random.rand(10) を実行すれば，必ず同じ乱数が生成されますので，例えば論文に使う散布図の生成など数値実験の再現性が必要なときには重宝します．

■ np.random.rand

0 以上 1 未満の乱数からなる配列を生成します．引数には生成される配列の形状を指定します．np.random.rand(2,10) とすると 2×10 の配列が生成されます．

■ np.random.randn

平均 0, 標準偏差 1 の正規分布（標準正規分布といいます）の乱数を生成します．引数は np.random.rand 同様，生成される配列の形状を指定します．次のコードは生成した乱数を使って作成したデータをヒストグラム（度数分布図）や散布図に表しています．なお，Python でのグラフ作成については 4 項で紹介していますので適宜参照してください．

コード A.6 ■ 乱数

```
1: import numpy as np
2: import matplotlib.pyplot as plt
3: # シードを指定すると毎回同じ乱数を生成する
4: np.random.seed(42)
5: # 0以上 1未満の乱数を 4個生成し配列を生成
6: J = np.random.rand(4)
7: print(J)
8: # 0以上 1未満の乱数を 1000000個生成しヒストグラムを表示
9: K = np.random.rand(1000000)
10: # 300分割してヒストグラムを生成
11: plt.hist(K, bins=300)
12: plt.show()
13: # 標準正規分布の乱数を 1000000個生成しヒストグラムを表示
14: L = np.random.randn(1000000)
15: # 300分割してヒストグラムを生成
16: plt.hist(L, bins=300)
17: plt.show()
18: # 0以上 1未満の乱数で 2× 300の配列を生成
19: M = np.random.rand(2, 300)
20: # 0以上 1未満の乱数を座標として散布図作成
21: X = M[0]
22: Y = M[1]
23: plt.scatter(X, Y)
24: plt.show()
25: # 標準正規分布乱数を座標として散布図作成
26: N = np.random.randn(2, 300)
27: X = N[0]
28: Y = N[1]
```

```
29: plt.scatter(X, Y)
30: plt.show()
```

このプログラムで出力された図は**図 A.7** のようになります．

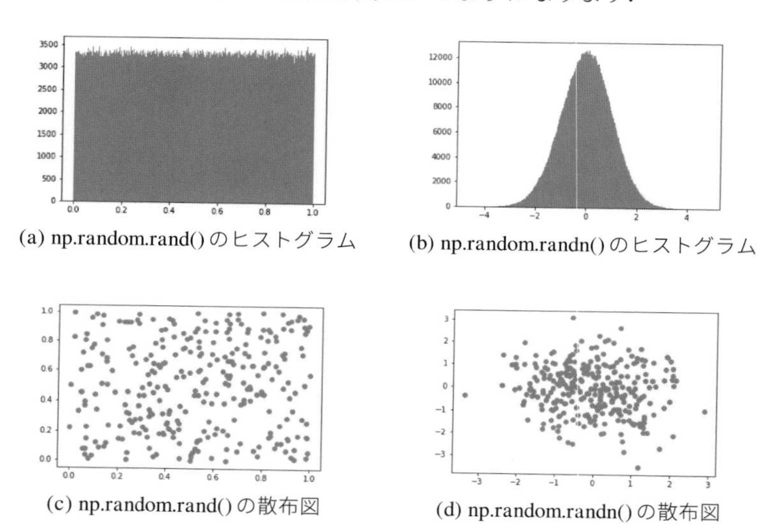

(a) np.random.rand() のヒストグラム　(b) np.random.randn() のヒストグラム

(c) np.random.rand() の散布図　(d) np.random.randn() の散布図

図 A.7 ■ コード A.6 の出力結果

A.3.2 pandas

pandas は前項で扱った NumPy と並んでデータ分析において最重要なライブラリといえます．pandas はデータ分析の全工程の中でも，前処理と呼ばれる部分で活躍するライブラリです．

pandas は Google Colaboratory に既定でインストールされているので，`import` などによるインストールの必要はありません．もし，何か別の開発環境でインストールが必要な場合は，コマンドラインで，

```
pip install pandas
```

と打てばあとは自動でインストールしてくれます．プログラム中で pandas を使うときは，

```
import pandas as pd
```

という文をどこかに書いておくと pd という略号で pandas の機能を呼び出せます．呼出すときの書式は

pd. 機能（引数）

となります．pandas の主要な関数の機能と使いかたを一つずつ見ていきましょう．

■ pd.DataFrame()

pandas はデータを DataFrame という入れ物の中に読み込んで操作します．Excel のワークシートを思い浮かべればよいでしょう．pd.DataFrame はこの DataFrame を生成するための関数です．

コード A.7 ■ pd.DataFrame

```
1: import pandas as pd
2: # dict 型データ(value はリスト)をDataFrame に読み込ませる
3: df_pref = pd.DataFrame({'pref': ['Yamanashi','Kanagawa','Aichi'],
4:                         'city':['Kofu','Yokohama','Nagoya'],
5:                         'item':[18, 21, 8]})
6: # DataFrame の先頭 5 行までを表示（ここでは 3 行すべてを表示）
7: print(df_pref.head())
8: #         pref      city item
9: # 0  Yamanashi     Koufu   18
10: # 1   Kanagawa  Yokohama   21
11: # 2      Aichi    Nagoya    8
```

■ pd.read_csv

データを csv ファイルとして読み込みます．この関数を呼び出すときの書式は，df = pd.read_csv(ファイル名) となります．csv のデータは先頭行が列名となり，DataFrame として読み込まれます．DataFrame の内容を表示するコードも併せて紹介します．

コード A.8 ■ DataFrame の表示

```
1: import pandas as pd
2: # csv ファイルを DataFrame に読み込ませる
```

```
3: df_iris = pd.read_csv('https://raw.githubusercontent.com/mwaskom/
       seaborn?-data/master/iris.csv')
4: # DataFrame の先頭 5 行までを表示
5: print(df_iris.head())
6: #    sepal_length  sepal_width  petal_length  petal_width species
7: # 0          5.1          3.5           1.4          0.2  setosa
8: # 1          4.9          3.0           1.4          0.2  setosa
9: # 2          4.7          3.2           1.3          0.2  setosa
10: # 3          4.6          3.1           1.5          0.2  setosa
11: # 4          5.0          3.6           1.4          0.2  setosa
12:
13: # index(項番)のstart, end, step
14: print(df_iris.index)
15: # RangeIndex(start=0, stop=150, step=1)
16:
17: # column(列名)の一覧
18: print(df_iris.columns)
19: # Index(['sepal_length', 'sepal_width', 'petal_length', 'petal_width
       ',
20: #        'species'],
21:          dtype='object')
22:
23: # iloc で特定の index の行・列のデータだけ抽出
24: print(df_iris.iloc[:, [0,2]])
25: #      sepal_length  petal_length
26: # 0             5.1           1.4
27: # 1             4.9           1.4
28: # 2             4.7           1.3
29: # 3             4.6           1.5
30: # 4             5.0           1.4
31: # ..            ...           ...
32: # 145           6.7           5.2
33: # 146           6.3           5.0
34: # 147           6.5           5.2
35: # 148           6.2           5.4
36: # 149           5.9           5.1
37: #
```

```
38: # [150 rows x 2 columns]
```

.loc は特定の行名（index）や列名（columns）のデータを抽出します．**コード A.9** は，データを散布図としてプロットします．

コード A.9 ■ DataFrame からの描画

```
1: import pandas as pd
2: import matplotlib.pyplot as plt
3: # 描画領域を作成
4: plt.figure()
5: # csv ファイルを DataFrame に読み込ませる
6: df_iris = pd.read_csv(
7: 'https://raw.githubusercontent.com/mwaskom/seaborn?-data/master/
       iris.csv'
8: )
9: # x,y 座標の列を指定し setosa 個体を四角形でプロット
10: ax1 = df_iris.loc[df_iris['species'] == 'setosa'].plot(kind='scatter
       ',x='petal_length', y='sepal_length',marker='s')
11: # x,y 座標の列を指定し versicolor 個体を三角形でプロット
12: df_iris.loc[df_iris['species'] == 'versicolor'].plot(kind='scatter',
       x='petal_length', y='sepal_length',marker='^',
13: ax = ax1)
```

このプログラムで作成した図は**図 A.8** のようになります．

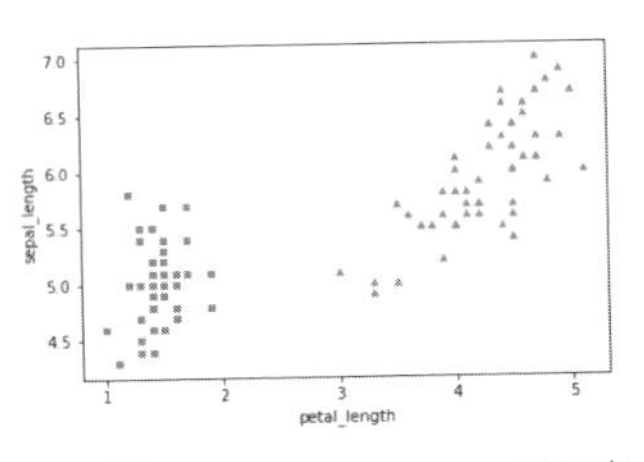

図 A.8 ■ コード A.9 のコードの出力

以上のように pandas はデータの読み込みから加工，整形，更新，可視化まで幅広い機能をもっており，ここに紹介した機能はその中で最もよく使われるものだけにとどめています．特に前処理で多用する欠損値補完や集計などは本書では扱わない内容でしたので割愛しました．前処理については専門書を参照

することをお勧めします.

A.3.3 SymPy

本書で紹介したコードで用いたライブラリではないのですが，3 次元の曲面の図示で用いたので，参考までに紹介しておきます.

SymPy は NumPy で出来ることはかなり出来て，しかも数式も扱えるライブラリです. はじめに文字変数を定義するところが独特ですが，あとは直感的に数式を扱え，とても重宝するライブラリです. 文字式と数値の混在する式，あるいは数値だけの式も演算してくれます.

■ SymPy でベクトル

ベクトルも簡単に扱えます.

なお，SymPy にはベクトルを作るというメソッドはなく，1 行 n 列の行列として n 次元ベクトルを表します.

コード A.10 ■ SymPy でベクトルを扱う

```
1: import sympy as sym
2: import numpy as np
3: a1, a2, a3 = sym.symbols('a1 a2 a3', real=True)
4: a = sym.Matrix([a1, a2, a3])
5: b = sym.Matrix([1, 2, 3])
6: display(a)
7: display(b)
8: display(a + b)
9: display(a - b)
10: display(a.norm()) #ベクトルa の大きさ
11: display(b.norm()) #ベクトルb の大きさ
12: display((a-b).norm()) #ベクトルa,b 間の距離
13: display(a.dot(b))#ベクトルa,b の内積
14: display(sym.sqrt(b.dot(b)))#ベクトルb の大きさ
15: print(np.sqrt(float(b.dot(b))))#ベクトルb の大きさ
```

$$\begin{bmatrix} a_1 \\ a_2 \\ a_3 \end{bmatrix}$$

$$\begin{bmatrix} 1 \\ 2 \\ 3 \end{bmatrix}$$

$$\begin{bmatrix} a_1 + 1 \\ a_2 + 2 \\ a_3 + 3 \end{bmatrix}$$

$$\begin{bmatrix} a_1 - 1 \\ a_2 - 2 \\ a_3 - 3 \end{bmatrix}$$

$$\sqrt{a_1^2 + a_2^2 + a_3^2}$$

$$\sqrt{14}$$

$$\sqrt{(a_1 - 1)^2 + (a_2 - 2)^2 + (a_3 - 3)^2}$$

$$a_1 + 2a_2 + 3a_3$$

$$\sqrt{14}$$

3.7416573867739413

■ SymPy で行列

SymPy を使うと，ベクトルと同様に行列の要素に文字式も使えます．

コード A.11 ■ 行列の積（第 2 章の例 2.3）

```
1: import sympy as sym
2: from IPython.display import Math, display
3: # 変数を定義
4: (x, y, p, q) = sym.symbols("x y p q")
5: # 行列を定義
6: A = sym.Matrix([
7:     [2, 1],
8:     [3, 4]
9: ])
10: display((Math(f"A={sym.latex(A)}")))
11: B = sym.Matrix([
12:     [-2, 1],
13:     [3, -4],
14: ])
15: display((Math(f"B={sym.latex(B)}")))
16: C = sym.Matrix([
17:     [5, x],
18:     [5*x, 3],
19:     [4, 0]
20: ])
21: display((Math(f"C={sym.latex(C)}")))
22: # 行列どうしの掛け算
23: AB = A * B
24: display((Math(f"AB={sym.latex(AB)}")))
25: CA = C * A
26: display((Math(f"CA={sym.latex(CA)}")))
27: CAB = C * A * B
28: display((Math(f"CAB={sym.latex(CAB)}")))
```

$$A = \begin{bmatrix} 2 & 1 \\ 3 & 4 \end{bmatrix}$$

$$B = \begin{bmatrix} -2 & 1 \\ 3 & -4 \end{bmatrix}$$

$$C = \begin{bmatrix} 5 & x \\ 5x & 3 \\ 4 & 0 \end{bmatrix}$$

$$AB = \begin{bmatrix} -1 & -2 \\ 6 & -13 \end{bmatrix}$$

$$CA = \begin{bmatrix} 3x+10 & 4x+5 \\ 10x+9 & 5x+12 \\ 8 & 4 \end{bmatrix}$$

$$CAB = \begin{bmatrix} 6x-5 & -13x-10 \\ 18-5x & -10x-39 \\ -4 & -8 \end{bmatrix}$$

■ SymPy で指数関数・対数関数

次に SymPy を使って指数関数・対数関数を図示してみましょう．

コード A.12 ■ 指数関数，対数関数のグラフ

```
1: import sympy as sym
2: x = sym.symbols('x')
3: f = sym.exp(x)
4: g = sym.log(x)
5: p1 = sym.plot(f, xlim=(-2.2,2.2), ylim=(0,8.5),
6:               ylabel = "f(x)=exp(x)")
7: p2 = sym.plot(g, xlim=(-1.0, 4.0), ylim=(-3,2),
8:               ylabel = "g(x)=log(x)")
```

第 2 章のコード 2.12，コード 2.13 と比べるとわかるように，x，y それぞれ

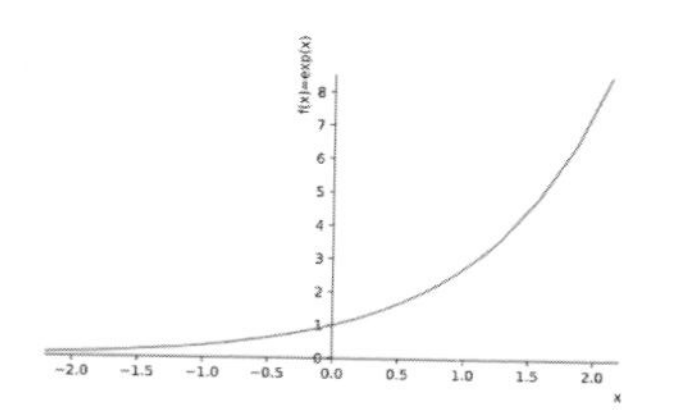

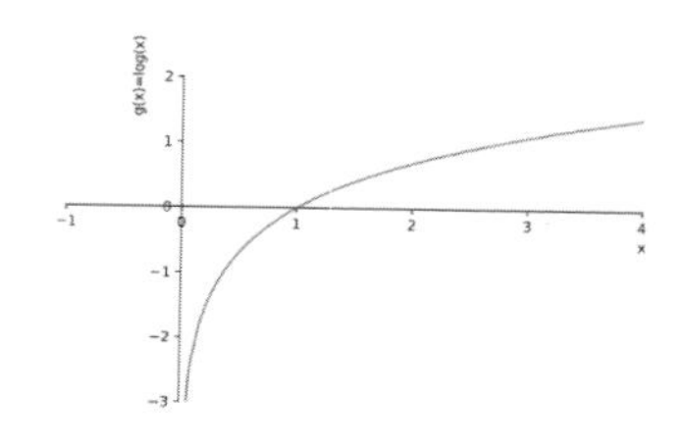

の NumPy 配列を作らなくてもグラフが描けるのが SymPy の良いところです．

■ SymPy で微分

SymPy は研究者が論文執筆中に式変形したり，グラフ作成したりする際などにも大いに役立ちます．ここで紹介する文字式の微分などはもはや SymPy の独壇場といってよいでしょう．

まずは，さまざまな関数を微分してみましょう．

コード A.13 ■ x^n の微分

```
1: import sympy as sym
2: x, n = sym.symbols('x n') # 変数の定義
3: f1 = x**n # 関数の定義
4: display(f1, f1.diff(x), sym.simplify(f1.diff(x)))
```

ここで出てきた `simplify` というのは式を整理してくれる便利なメソッドです．出力の 2 つ目と 3 つ目を比べるとその機能がわかるでしょう．

また，式からグラフを作成するのも簡単なので，微分を使って 3 次曲線の接線の方程式を求め図示してみます．

一般に，点 $(x_0,\ y_0)$ を通る直線は

$$y = k(x - x_0) + y_0$$

と書けますが，関数 $y = f(x)$ の $x = x_0$ における接線の方程式は，傾き k を $\frac{df(x_0)}{dx}$ とし点 $(x_0, f(x_0))$ を通るとすればよいので

$$y = \frac{df(x_0)}{dx}(x - x_0) + f(x_0)$$

となります．

コード A.14 ■ 3 次曲線の接線を図示

```
 1: import sympy as sym
 2: import matplotlib.pyplot as plt # 次項参照
 3: plt.rcParams['figure.figsize'] = 10, 12
 4: plt.rcParams["font.size"] = 18
 5: x0 = -0.5
 6: x = sym.symbols('x') # 変数の定義
 7: f1 = x**3 - 3 * x**2 + 1 # 関数の定義
 8: y0 = f1.subs(x, x0)
 9: df1 = f1.diff(x)
10: display(df1)
11: df1x0 = df1.subs(x, x0)
12: p1 = sym.plot(f1, xlim=(-4, 4), ylim=(-4, 4),
13:               ylabel='f1(x)', legend=True,
14:               line_color="blue", show=False) # グラフ描画
15: f2 = df1x0 *(x - x0)+ y0
16: p2 = sym.plot(f2, xlim=(-4, 4), ylim=(-4, 4),
17:               ylabel='f1(x)', legend=True,
18:               line_color="red", show=False) # グラフ描画
19: p1.extend(p2)
20: p1.show()
```

$3x^2 - 6x$

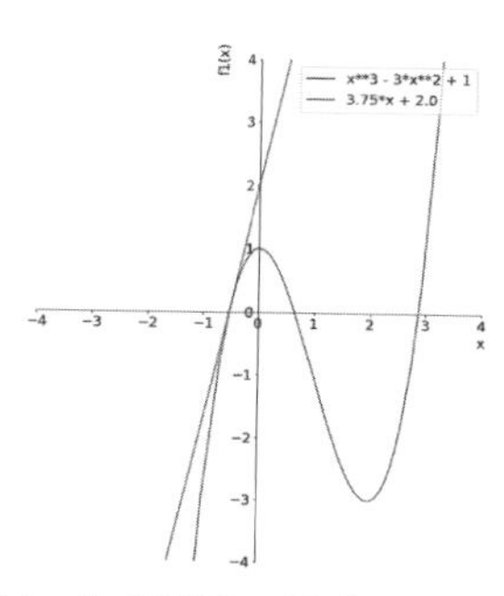

次に合成関数の微分を Python で求めてみましょう．第 2 章の例 2.9 を SymPy で解くと，f2 = 1 / f1**2 のように関数の式中に関数を埋め込んで合成関数を作り，しかも合成関数をその埋め込んだ関数で微分するということができてしまいます．

コード A.15 ■ 合成関数の微分

```
1: import sympy as sym
2: x, n = sym.symbols('x n') # 変数の定義
3: f1 = 2 * x + 3 # 関数の定義
4: f2 = 1 / f1**2 # 合成関数の定義
5: display(f2)
6: display(sym.simplify(f2.diff(x)))
```

$$\frac{1}{(2x+3)^2}$$

$$-\frac{4}{(2x+3)^3}$$

A.3.4 matplotlib

■ グラフ作成の基本形

matplotlib.pyplot は Python でグラフを作成する際に使う定番のライブラリです．このライブラリは奥が深いのですが，まずは x，y の NumPy 配列を

与えて，それをグラフに描いてみましょう．

コード A.16 ■ グラフ作成の基本形

```
1: import numpy as np
2: import matplotlib.pyplot as plt
3: # グラフ化する関数の定義
4: x = np.arange(0, 2.05, 0.05)
5: y = 1 - (x - 1)**2
6: # グラフをプロット
7: plt.plot(x, y)
8: # グラフを表示
9: plt.show()
```

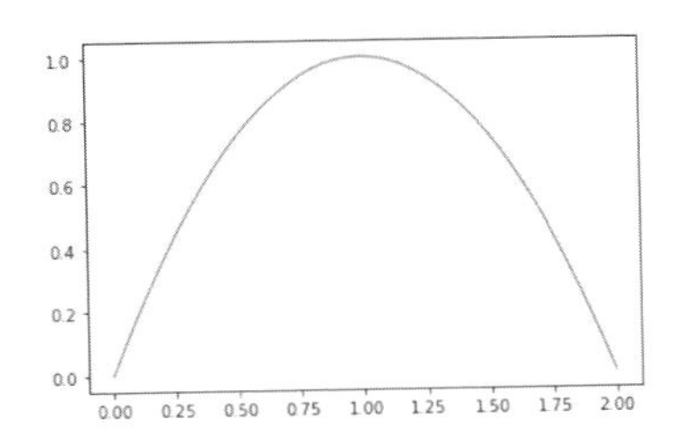

とりあえず関数のグラフは描けました．しかしこれだけでは，座標軸のラベルもないし，グリッドもないので物足りません．

■ 本格的なグラフ作成

例えば論文に掲載するようなグラフを描こうという場合には，グラフのサイズや解像度を指定したりキャプションをつけたりもしたいでしょう．さらに，複数のグラフを並べたり，同一座標上に複数のグラフを重ねて描いたりしたいという場合もあるでしょう．

そこで，matplotlib.pyplot の機能を活用してグラフを描いてみました．

コード A.17 ■ pyplot を活用してグラフ作成

```
1: import numpy as np
```

```
 2: import matplotlib.pyplot as plt
 3: # 図示する三つの関数を定義
 4: x = np.arange(0, 2.05, 0.05)
 5: y1 = 1 - (x - 1)**2
 6: y2 = 0.25 * x**2
 7: y3 = 0.5 * np.sin(2 * np.pi * x / 2)+ 0.5
 8: # 描画領域を作成
 9: plt.figure(figsize=(18,16))
10: # グラフ上に書く文字のフォントサイズ設定
11: plt.rcParams["font.size"] = 24
12: # グラフの属性を細かく定義
13: def graphconfig():
14:     # 凡例を表示する位置を左上にする
15:     plt.legend(loc='upper left', bbox_to_anchor=(1, 1))
16:     # 補助目盛を表示する
17:     plt.minorticks_on()
18:     # x 座標の目盛りを定義
19:     plt.xticks(np.arange(0, 2.05, 0.5))
20:     plt.yticks(np.arange(0, 1.05, 0.5))
21:     # 座標軸の名前を設定
22:     plt.xlabel(r'$x$')
23:     plt.ylabel(r'$y$')
24:     # 主目盛のグリッド線の形状,色を設定
25:     plt.grid(which='major', linestyle='-', color='k')
26:     # 補助目盛のグリッド線の形状,色を設定
27:     plt.grid(which='minor', linestyle='dotted', color='k')
28: # 2行 1列の 1行目に描画領域設定
29: plt.subplot(211)
30: # 関数y1,y2 のグラフをプロット
31: plt.plot(x, y1, label= r'$y_1=(x - 1)^2$', color='g')
32: plt.plot(x, y2, label= r'$y_2=\frac{1}{4}x^2$', color='r')
33: # グラフ属性を設定する関数を呼び出す
34: graphconfig()
35: # 2行 1列の 2行目に描画領域設定
36: plt.subplot(211)
37: # 関数y2,y3 のグラフをプロット
38: plt.subplot(212)
```

```
39: plt.plot(x, y2, label= r'$y_2=\frac{1}{4}x^2$', color='r')
40: plt.plot(x, y3, label= r'$y_3=\frac{1}{2}sin\frac{2\pi x}{2} + \frac
        {1}{2}$', color='b')
41: # グラフ属性を設定する関数を呼び出す
42: graphconfig()
43: # レイアウトの余白を少なめに設定
44: plt.tight_layout()
45: # グラフを表示
46: plt.show()
```

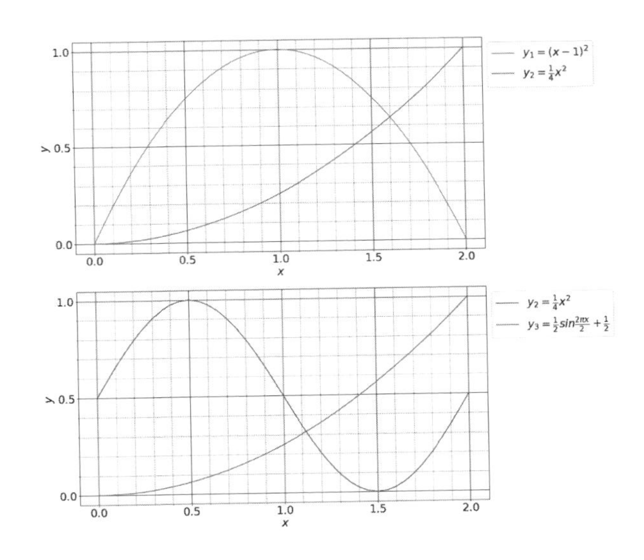

A.3.5 scikit-learn

scikit-learn は Python の代表的な機械学習ライブラリです．本文の中で紹介する機械学習モデルを構築していくときの書式が初心者でもわかりやすいのが特徴です．試しにアヤメの分類を例に scikit-learn で最低限のコードで分類モデルを作ってみましょう．

コード A.18 ■ 分類モデルの作成

```
1: from sklearn import svm
2: from sklearn.datasets import load_iris
3: # データを読み込む
4: iris = load_iris()
5: # 機械学習モデルを設定
6: clf = svm.SVC()
7: # dataから targetを予測する学習をさせる
8: clf.fit(iris.data, iris.target)
9: # 分類できるかどうか確認する
10: test_data = [[5.4, 3.9, 1.7, 0.4], [5.8, 2.6, 4. , 1.2], [6.7,
        3.3, 5.7, 2.5]]
11: print(clf.predict(test_data)) # [0 1 2]
```

コメント文を除けば 10 行に満たないコードでデータの読み込み，機械学習モデルを設定，学習，分類ができてしまいました．しかし，一応できたとはいえ，学習用データをテスト用に流用したりとまだ実用的なレベルには達していません．これに手を加えて，実用的な分類モデルにしていきます．

■ train_test_split

読み込んだデータをトレーニング用データとテスト用データに分けます．引数を使って，分けかたに関するさまざまな設定をすることができます．

test_size は，データ全体から取り分けるテスト用データの割合を設定します．test_size=0.3 は，全データの 30% をテスト用データとすることを意味します．

random_state は乱数の再現性をもたせるために数字を何か 1 つ設定します．例えば random_state=42 としてデータを分割すると，分割した後のトレーニング用データとテスト用データの中身がいつも同じになります．

stratify に設定したデータは，トレーニング用データでもテスト用データでも値の比率が同じになります．stratify=y_iris とすれば，3 種類の iris のサンプル数の割合が，トレーニング用データとテスト用データで同じになります．

■ svm.SVC

機械学習モデルを SVM の分類モデルに設定します．引数にはモデルの性能を左右する設定値を入れます．

kernel はカーネル関数をどれにするかを設定します．

- rbf ：ガウスカーネル関数（radial basis function）
- linear ：線形カーネル関数
- poly ：多項式カーネル関数
- sigmoid ：シグモイドカーネル関数

デフォルトは rbf です．

C はコストパラメータで，正の数値が入ります．デフォルトは 1.0 です．

degree は poly の場合の次数を設定します．デフォルトは 3 です．

gamma は rbf，poly，sigmoid のカーネル関数中のハイパーパラメータ γ です（4.1 節参照）．

コード A.19 ■ 分類モデルの評価

```
1: from sklearn import svm
2: from sklearn.model_selection import train_test_split
3: from sklearn.metrics import confusion_matrix
4: from sklearn.metrics import classification_report
5: import seaborn as sns
6: import matplotlib.pyplot as plt
7: import pandas as pd
8: # データを読み込む
9: df = sns.load_dataset('iris')
10: df = df.query('species != "setosa"')
11: # 欠損値を除去
12: df = df.copy().dropna()
13: # 特徴量データ
14: x1label = "sepal_length"
15: x2label = "petal_length"
16: # ラベルデータ
17: y1label = "species"
18: # 特徴量データ,ラベルデータをリストに入れる
```

```
19: X_iris = df[[x1label, x2label]].values
20: y_iris = df[y1label].values
21: # トレーニング用データとテスト用データに分割
22: X_train, X_test, y_train, y_test = train_test_split(X_iris, y_iris,
23:         test_size=0.3, random_state=42, stratify=y_iris)
24: # 機械学習モデルを設定
25: clf = svm.SVC(kernel='rbf', gamma =0.0001, C=1000)
26: # X_train から y_train を予測する学習をさせる
27: clf.fit(X_train, y_train)
28: # テスト用データで分類できるかどうか確認する
29: y_test_pred = clf.predict(X_test)
30: # 予測値
31: print(y_test_pred)
32: # 正解
33: print(y_test)
34: # 混同行列を作成
35: cm = confusion_matrix(y_test, y_test_pred)
36: # 混同行列をヒートマップに変換
37: sns.heatmap(cm, annot=True, cmap='Blues')
38: # 軸にラベル設定
39: plt.yticks(rotation=0)
40: plt.xlabel("Predicted", fontsize=13, rotation=0)
41: plt.ylabel("Actual", fontsize=13)
42: # 混同行列のヒートマップを表示
43: plt.show()
44: # テスト用データの分類結果一覧
45: print(classification_report(y_test, y_test_pred))
```

このプログラムで作成した混同行列のヒートマップは**図 A.9** のようになります．

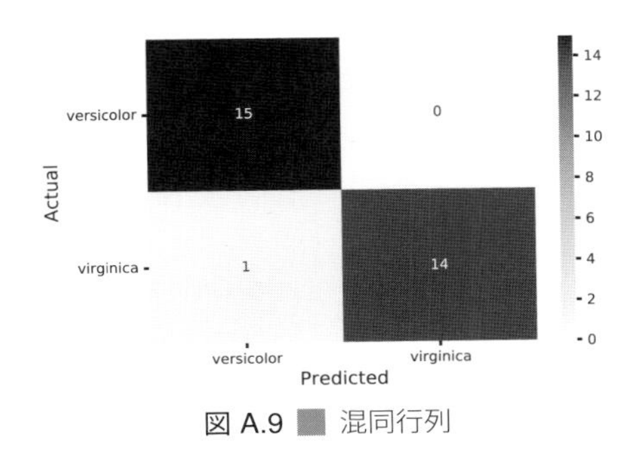
versicolor
virginica
Actual
15
0
1
14
versicolor
virginica
Predicted
14
12
10
8
6
4
2
0

図 A.9 混同行列

本書を読み終えた後に

■ サポートベクトルマシンを深く学ぶ際に役立つ書籍

- 竹内 一郎・烏山 昌幸 著：サポートベクトルマシン，機械学習プロフェッショナルシリーズ，講談社，2015
- Nello Cristianini ・John Shawe-Taylor 著・大北 剛 訳：サポートベクターマシン入門，共立出版，2005
- 阿部 重夫 著：パターン認識のためのサポートベクトルマシン入門，森北出版，2011

■ 機械学習の実践面をさらに深く学ぶ際に役立つ書籍

- 八谷 大岳 著：ゼロからつくる Python 機械学習プログラミング入門，機械学習スタートアップシリーズ，講談社，2020
- Aurélien Géron 著，下田 倫大 監訳，長尾 高弘 訳：scikit-learn，Keras，TensorFlow による実践機械学習 第 2 版，オライリー・ジャパン，2020
- 巣籠 悠輔 著：詳解ディープラーニング 第 2 版～TensorFlow/Keras・PyTorch による時系列データ処理～，Compass Books シリーズ，マイナビ出版，2019

■ 最適化理論をさらに深く学ぶための書籍

- 山本 芳嗣 編著：基礎数学 IV 最適化理論，東京化学同人，2019

■ さらに進んで理論面をしっかり勉強したい場合にお薦めしたい書籍

- C. M. ビショップ 著，元田 浩・栗田 多喜夫・樋口 知之・松本 裕治・村田 昇 監訳：パターン認識と機械学習 上／同 下，丸善出版，2012

索　引

数字・欧文文字

1 階微分　66
1 次導関数　66
2 階微分　66
2 次導関数　66
DataFrame　158
FN　125
FP　125
Karush–Kuhn–Tucker 条件　101
KKT 条件　101
L2 ノルム　24, 41
matmul　51
n 階微分　66
n 次導関数　66
pandas　158
scikit-learn　141, 143, 158
SMO　148
Support Vector Machine　12, 82
SVM　12, 82
TN　124
TP　125

あ

位置ベクトル　27, 36
エキスパートシステム　3

か

カーネル関数　138, 145
カーネルトリック　139, 144, 156
カーネル法　15, 136
回帰モデル　5
ガウスカーネル　142, 162
学習　7
学習用データ　10
関数　53
感度　129
偽陰性　125
機械学習　4
機械学習モデル　6, 7
基底関数　138, 140, 142, 156
逆関数　70
強化学習　7
教師あり学習　7
教師なし学習　7
偽陽性　125
偽陽性率　130
行ベクトル　45, 48
行列　43
行列の積　45
局所的最適解　17
極値　65
グラム行列　139, 143
係数の分配則　26
結合則　25, 26, 47
検証用データ　10
交換則　25
交差検証　10, 17, 162
合成関数　68
勾配　73
勾配ベクトル　73
混同行列　123

さ

再現率　129
サポートベクトルマシン　12, 82
三角比　30
シグモイドカーネル　143, 162
指数関数　54, 69
自然対数　57

主問題 104
真陰性 124
人工知能 2
真数 56
真陽性 125
真陽性率 129
推論 4
数学モデル 3
数理モデル 3
スケーリング 8, 159
正解率 128
正規化 10, 159
制約条件 86
線形 2 値分類 12, 17
線形カーネル関数 140
線形モデル 7
増減表 65
双対問題 109, 144
ソフトマージンサポートベクトルマシン（ソフトマージン SVM） 14, 16
ソフトマージン線形 SVM 111, 135, 145

た

ダートマス会議 2
大域的最適解 17
対数 56
対数関数 70
多項式カーネル 141, 162
単位円 31
逐次最小最適化アルゴリズム 148
チューニング 141
直交条件 35
底 54, 56
テイラー展開 76
データクレンジング 8
適合率 128
テスト用データ 9, 158
転置行列 48, 49
導関数 64
等式制約 91
特徴ベクトル 143
特徴量 10
特徴量エンジニアリング 8, 159
独立変数 53
凸二次計画問題 12, 17
トレーニング用データ 9

な

内積 34, 136
ナブラ 73
二項定理 77
ネイピア数 55

は

ハードマージンサポートベクトルマシン（ハードマージン SVM） 14, 16, 82
ハードマージン線形 SVM 104
ハイパーパラメータ 10, 141, 162
汎化性能 9, 17
半正定値行列 50, 139
引数 53
非線形分類 17
非線形分類モデル 134
非線形モデル 7
微分 63
標準化 10, 159
不等式制約 99
分類境界線 17, 82
分類モデル 5
平均変化率 61
ベクトル 22
ベクトルの大きさ 22, 41
ベクトルの成分表示 23, 27
ベクトルの分配則 26
ベクトルの向き 22
ベクトル方程式 29
偏微分 71
法線ベクトル 36

ま

マクローリン展開 76

や

余弦定理　32, 34

ら

ラグランジュ関数　144
ラグランジュの未定乗数　89, 99, 144
ラグランジュの未定乗数法　89
リスト　39
零ベクトル　25
列ベクトル　45, 48

〈著者略歴〉
田 村 孝 廣（たむら　たかひろ）
1986 年　東京大学工学部土木工学科卒業
1996 年　早稲田大学文学部西洋文化専修卒業
2003 年　東京都立大学大学院工学研究科博士課程修了
　　　　博士（工学）
2004 年　明星大学工学部非常勤講師
現　在　太陽精工株式会社 技術顧問
　　　　マインドテック株式会社 メンター

やさしく学べるサポートベクトルマシン
―数学の基礎と Python による実践―

2022 年 11 月 30 日　　第 1 版第 1 刷発行

著　者　田 村 孝 廣
発 行 者　村 上 和 夫
発 行 所　株式会社 オーム社
　　　　郵便番号　101-8460
　　　　東京都千代田区神田錦町 3-1
　　　　電話　03(3233)0641(代表)
　　　　URL　https://www.ohmsha.co.jp/

印刷・製本　大日本法令印刷
ISBN978-4-274-22967-1　Printed in Japan